Maike Schwidder

Shiga Toxin-produzierende Escherichia coli (STEC)

Maike Schwidder

Shiga Toxin-produzierende Escherichia coli (STEC)

Molekulargenetische Untersuchungen zur Expression des Typ III Effektors NleA4795 in STEC O84:H4

Südwestdeutscher Verlag für Hochschulschriften

Impressum/Imprint (nur für Deutschland/only for Germany)
Bibliografische Information der Deutschen Nationalbibliothek: Die Deutsche Nationalbibliothek verzeichnet diese Publikation in der Deutschen Nationalbibliografie; detaillierte bibliografische Daten sind im Internet über http://dnb.d-nb.de abrufbar.
Alle in diesem Buch genannten Marken und Produktnamen unterliegen warenzeichen-, marken- oder patentrechtlichem Schutz bzw. sind Warenzeichen oder eingetragene Warenzeichen der jeweiligen Inhaber. Die Wiedergabe von Marken, Produktnamen, Gebrauchsnamen, Handelsnamen, Warenbezeichnungen u.s.w. in diesem Werk berechtigt auch ohne besondere Kennzeichnung nicht zu der Annahme, dass solche Namen im Sinne der Warenzeichen- und Markenschutzgesetzgebung als frei zu betrachten wären und daher von jedermann benutzt werden dürften.

Verlag: Südwestdeutscher Verlag für Hochschulschriften GmbH & Co. KG
Dudweiler Landstr. 99, 66123 Saarbrücken, Deutschland
Telefon +49 681 37 20 271-1, Telefax +49 681 37 20 271-0
Email: info@svh-verlag.de

Zugl.: Stuttgart, Universität Hohenheim, Dissertation 2011

Herstellung in Deutschland:
Schaltungsdienst Lange o.H.G., Berlin
Books on Demand GmbH, Norderstedt
Reha GmbH, Saarbrücken
Amazon Distribution GmbH, Leipzig
ISBN: 978-3-8381-1489-7

Imprint (only for USA, GB)
Bibliographic information published by the Deutsche Nationalbibliothek: The Deutsche Nationalbibliothek lists this publication in the Deutsche Nationalbibliografie; detailed bibliographic data are available in the Internet at http://dnb.d-nb.de.
Any brand names and product names mentioned in this book are subject to trademark, brand or patent protection and are trademarks or registered trademarks of their respective holders. The use of brand names, product names, common names, trade names, product descriptions etc. even without a particular marking in this works is in no way to be construed to mean that such names may be regarded as unrestricted in respect of trademark and brand protection legislation and could thus be used by anyone.

Publisher: Südwestdeutscher Verlag für Hochschulschriften GmbH & Co. KG
Dudweiler Landstr. 99, 66123 Saarbrücken, Germany
Phone +49 681 37 20 271-1, Fax +49 681 37 20 271-0
Email: info@svh-verlag.de

Printed in the U.S.A.
Printed in the U.K. by (see last page)
ISBN: 978-3-8381-1489-7

Copyright © 2011 by the author and Südwestdeutscher Verlag für Hochschulschriften GmbH & Co. KG and licensors
All rights reserved. Saarbrücken 2011

Inhaltsverzeichnis

Abkürzungsverzeichnis I

Zusammenfassung V

Summary VII

1 Einleitung 1

   1.1 Shiga Toxin-produzierende *Escherichia coli* 1

      1.1.1 Infektion und Reservoir 2

      1.1.2 Krankheitsverlauf 3

      1.1.3 Therapiemaßnahmen 4

   1.2 STEC und Umweltstress 5

      1.2.1 SOS-Antwort 6

      1.2.2 Generelle Stressantwort und "Stringent Response"-System 6

      1.2.3 Quorum Sensing 8

   1.3 Pathogenitätsfaktoren 10

      1.3.1 Shiga Toxine 11

      1.3.2 Shiga Toxin-konvertierende Bakteriophagen 12

      1.3.3 Locus of Enterocyte Effacement (LEE) 14

         1.3.3.1 Aufbau des Typ III Sekretionssystems 15

         1.3.3.2 LEE-kodierte Effektorproteine 17

         1.3.3.3 Regulation des LEE 18

      1.3.4 Nicht LEE-kodierte Effektorproteine 21

         1.3.4.1 „Non-LEE encoded Effector" NleA 22

2 Zielsetzung 25

3 Material und Methoden 26

   3.1 Material 26

      3.1.1 Enzyme und Desoxynucleotidtriphosphate 26

      3.1.2 Größenstandards 26

Inhaltsverzeichnis

3.1.3 Antibiotika 27

3.1.4 Nährmedien und Puffer 27

3.1.5 Puffer für die Arbeiten mit Proteinen 29

3.1.6 Oligonukleotide 30

3.1.7 Verwendete Bakterienstämme 31

3.1.8 Plasmide 33

3.2 Methoden 34

   3.2.1 Kultivierung und Lagerung von Bakterien 34

   3.2.2 Bestimmung der Konzentration von Nukleinsäuren 34

   3.2.3 Molekulargenetische Arbeitsmethoden 35

      3.2.3.1 Polymerase-Kettenreaktion (PCR) 35

      3.2.3.2 Präparation von Plasmiden 35

      3.2.3.3 Restriktion und Ligation von DNA 36

      3.2.3.4 Herstellung elektrokompetenter Zellen und Transformation ... 36

   3.2.4 Analyse der Genexpression durch ein Luciferase-Reportersystem ... 37

      3.2.4.1 Reporterfusion und Deletion von chromosomal kodierten Genen ... 37

      3.2.4.2 Klonierung von Regulatorgenen für Komplementationsanalysen ... 39

      3.2.4.3 Messung der Reportergenaktivität 40

   3.2.5 Nachweis von DNA-bindenden Proteinen 41

      3.2.5.1 Markierung von Proteinen 41

      3.2.5.2 Expression und Aufreinigung von Proteinen 42

      3.2.5.3 Analyse der Proteinproben 43

      3.2.5.4 Dialyse von Proteineluaten 44

      3.2.5.5 Electrophoretic Mobility Shift Assay (EMSA) 44

   3.2.6 Analyse der Genexpression auf transkriptioneller Ebene 46

      3.2.6.1 Umgang mit RNA 46

3.2.6.2	Isolierung der Gesamt-RNA	46
3.2.6.3	cDNA-Synthese durch reverse Transkription	48
3.2.6.4	Analyse der Genexpression mittels real-time PCR	48
3.2.7	Herstellung von vorkonditioniertem Medium	50
3.2.8	Biolumineszenz-Assay	51
3.2.9	Enzym Immuno-Assay	51
4	Ergebnisse	53
4.1	Konstruktion verschiedener Luciferase-Reporterstämme und Deletionsmutanten	53
4.1.1	Bestätigung von Reporterfusion und Gendeletionen	55
4.2	Expression von $nleA_{4795}$ unter verschiedenen Umweltbedingungen	57
4.2.1	Einfluss verschiedener Kulturmedien	57
4.2.2	Einfluss verschiedener Salzkonzentrationen	60
4.2.3	Einfluss des osmotischen Potentials	62
4.2.4	Einwirkung von Quorum Sensing-Molekülen	64
4.2.4.1	Vorkonditioniertes Medium (PC-Medium)	64
4.2.4.2	Autoinducer-1 (AI-1): Acyl-Homoserin Lakton	66
4.2.4.3	Autoinducer-2 (AI-2): Furanosyl-Borat-Diester	69
4.2.4.4	Autoinducer-3 (AI-3)/Adrenalin/Noradrenalin	70
4.2.5	Einfluss von vermindertem Nährstoffgehalt	72
4.2.6	Einfluss von Norfloxacin	74
4.3	Untersuchungen zur Regulation von $nleA_{4795}$	78
4.3.1	Einfluss positiver Regulatoren	78
4.3.1.1	LEE-encoded regulator (Ler)	78
4.3.1.2	Global Regulator of LEE-Activator (GrlA)	81
4.3.1.3	PerC-Homolog (Pch)	84

4.3.2 Bindung der Regulatorproteine an die Promotoregion von $nleA_{4795}$ 86

    4.3.2.1 Expression und Aufreingung von Ler, GrlA und PchA 86

    4.3.2.2 Bindeeigenschaften von Ler, GrlA und PchA..88

4.3.3 Negative Regulatoren 95

    4.3.3.1 Global Regulator of LEE-Repressor (GrlR)...95

    4.3.3.2 *E. coli* Type III Secretion System 2 Regulator A (EtrA)...........................95

4.4 Untersuchung der $nleA_{4795}$-Expression auf Transkriptionsebene................ 97

    4.4.1 Bestimmung der Amplifikationseffizienz..97

    4.4.2 Quantifizierung der $nleA_{4795}$-Expression...98

        4.4.2.1 Genexpression unter verschieden Umweltbedingungen.........................98

        4.4.2.2 Einfluss bestimmter Regulatoren auf die Genexpression 100

4.5 Zusammenfassung der Ergebnisse 102

5 Diskussion 104

5.1 Auswahl des Luciferase-Reportersystems.. 104

5.2 Umweltbedingungen 105

5.3 Regulatoren der $nleA_{4795}$-Expression... 116

5.4 Resümee und Ausblick 122

Literaturverzeichnis..124

Anhang 151

Abkürzungsverzeichnis

A/E	Attaching and Effacing
AI	Autoinducer
amp^R	Ampicillinresistenz
aph	Aminoglykosid-Phosphotranferase
APS	Ammoniumpersulfat
ATP	Adenosintriphosphat
bp	Basenpaar
BSA	Bovine Serum Albumin
CAM^R	Chloramphenicolresistenz
CAT	Chloramphenicol-Acetyltransferase
CDT	Cytolethal Distending Toxin
Cif	Cycle inhibiting Factor
DAEC	Diffus adhärente *Escherichia coli*
DEPC	Diethylpyrocarbonat
DMPC	Dimethylpyrocarbonat
DNA	Desoxyribonukleinsäure
dNTP	2'-Desoxynukleosid-5'-Triphosphat
DSMZ	Deutsche Sammlung von Mikroorganismen und Zellkulturen
DTT	Dithiothreitol
EAEC	Enteroaggregative *Escherichia coli*
EDTA	Ethylendiamintetraessigsäure
EHEC	Enterohämorrhagische *Escherichia coli*
EIEC	Enteroinvasive *Escherichia coli*
EMSA	Electrophoretic Mobility Shift Assay
EPEC	Enteropathogene *Escherichia coli*
Esc	*E. coli* secretion
Esp	*E. coli* secreted protein
ETEC	Enterotoxische *Escherichia coli*
EtrA	ETT2 Regulator A
ETT2	*E. coli* Typ III Sekretionssystem 2

Abkürzungsverzeichnis

Exo	Exonuclease
FRT	Flippase Recognition Target
Gb3	Globotriaosylceramid
GFP	Green Fluorescent Protein
GrlA	Global Regulator of LEE Activator
GrlR	Global Regulator of LEE Repressor
h	Stunde
HC	Hämorrhagische Colitis
H-NS	Histone-like Nucleoid Structuring Protein
HUS	Hämolytisch-urämisches Syndrom
IPTG	Isopropyl-β-D-Thiogalactopyranosid
IS	Insertion Sequence
Kan^R	Kanamycinresistenz
kb	Kilobasen
kDa	Kilodalton
LEE	Locus of Enterocyte Effacement
Ler	LEE-encoded Regulator
LPF	Long Polar Fimbriae
MALDI-TOF	Matrix Assisted Laser Desorption/Ionisation-Time of Flight
min	Minute
NleA	Non-LEE encoded Regulator A
NMWL	Nominal Molecular Weight Limit
N-WASP	Neuronales Wiskott-Aldrich-Syndrom Protein
OD	Optische Dichte
ORF	Open Reading Frame
PAI	Pathogenicity Island
PBS	Phosphate buffered Saline
PC	Preconditioned
Pch	PerC-Homolog
PCR	Polymerase Chain Reaction
Poly-(d(I-C))	Poly-Desoxy-Inosin-Desoxy-Cytidylsäure
ppGpp	Guanosin-3',5'-bispyrophosphat

Abkürzungsverzeichnis

QSe	Quorum Sensing
RLU	Relative Light Units
RNA	Ribonukleinsäure
rpm	Revolutions per Minute (Umdrehungen pro Minute)
SAP	Shrimp-Alkaline-Phosphatase
SDS-PAGE	Sodium Dodecylsulfate Polyacrylamide-Gelelectrophoresis
SLTEC	Shiga-like Toxin-produzierende *Escherichia coli*
STEC	Shiga Toxin-produzierende *Escherichia coli*
Stx	Shiga Toxin
Taq	Thermus aquaticus
Tccp	Tir Cytoskeleton coupling Protein
TEMED	Tetramethylethylendiamin
Tir	Translocated Intimin Receptor
Tris	Tris(hydroxymethyl)-Aminomethan
TTP	Thrombotisch-thrombozytopenische Purpura
TTSS	Type Three Secretion System
V	Volt
VTEC	Vero Toxin-produzierende *Escherichia coli*
v/v	Volume per Volume
w/v	Weight per Volume
X-Gal	5-Bromo-4-Chloro-3-Indolyl- β-D-Galactopyranosid

Abkürzungsverzeichnis

Zusammenfassung

Shiga Toxin-produzierende E. coli (STEC) gelten weltweit als wichtige Erreger von lebensmittelbedingten Infektionen und können zu schweren Erkrankungen wie der hämorrhagischen Colitis und dem lebensbedrohlichen hämolytisch-urämischen Syndrom führen. Die Bakterien kolonisieren den Dickdarm des Menschen, wo sie in der Regel zur Ausbildung von charakteristischen „Attaching und Effacing"-Läsionen führen. Verantwortlich dafür ist eine Pathogenitätsinsel, bezeichnet als „Locus of Enterocyte Effacement" (LEE), sowie die darauf kodierten Komponenten eines Typ III Sekretionssystems, über das die Bakterien Effektorproteine direkt in die Wirtszellen injizieren können. Zusätzlich zu den LEE-kodierten Effektoren existiert eine große Anzahl an Effektorproteinen, deren kodierende Sequenzen außerhalb der Pathogenitätsinsel lokalisiert sind. Darunter auch der „Non-LEE encoded Effector A" (NleA), der im Genom von kryptischen oder induzierbaren Prophagen kodiert ist und unter den pathogenen E. coli Stämmen weitverbreitet vorkommt.

Im Rahmen dieser Arbeit wurde die Expression und Regulation der nleA-Variante $nleA_{4795}$ des E. coli O84:H4 Stammes 4795/97 untersucht, welche auf dem Shiga Toxin-konvertierenden Phagen BP-4795 lokalisiert ist. Dabei wurde mit Hilfe eines Luciferase-Reportersystems und der quantitativen Real-Time PCR der Einfluss von verschiedenen Umweltreizen getestet sowie die Abhängigkeit der $nleA_{4795}$-Expression von bestimmten Regulatorproteinen untersucht. Unter den analysierten Umweltbedingungen kristallisierten sich bestimmte NaCl- und KCl-Konzentrationen als induzierend für die Expression von $nleA_{4795}$ heraus und lassen daher auf eine osmotisch bedingte Aktivierung schließen. Eine zunächst vermutete Induktion der $nleA_{4795}$-Expression durch Quorum Sensing in vorkonditioniertem Medium konnte nicht nachgewiesen werden, da keiner der bislang bekannten Autoinducer einen positiven Einfluss ausübte. Die erhöhte Expression von $nleA_{4795}$ konnte nachfolgend mit einem reduzierten Nährstoffgehalt assoziiert und somit eine Korrelation zwischen der $nleA_{4795}$-Expression und bakteriellen Stressantwort-Systemen hergestellt werden. Des Weiteren wurde untersucht, ob ein Zusammenhang zwischen der $nleA_{4795}$-Expression und der Induktion des Phagen BP-4795 sowie der damit verbundenen Expression von Shiga Toxin besteht. Durch Induktionsexperimente mit Norfloxacin

Zusammenfassung

konnte jedoch im Gegensatz zur Expression von Shiga Toxin keine Aktivierung, sondern eine starke Repression der $nleA_{4795}$-Expression nachgewiesen werden. Die Untersuchungen auf regulatorischer Ebene zeigten die Abhängigkeit der $nleA_{4795}$-Expression von den drei LEE-kodierten Regulatoren Ler, GrlA und GrlR sowie von den außerhalb des LEE kodierten Pch-Regulatoren. Für den ebenfalls außerhalb der Pathogenitätsinsel kodierten Regulator EtrA konnte kein Einfluss auf die Expression von $nleA_{4795}$ nachgewiesen werden. Zudem wurden die Regulatorproteine Ler, GrlA und PchA mit Hilfe von Electrophoretic Mobility Shift Assays (EMSA) auf eine direkte Bindung an die $nleA_{4795}$-Promotorregion untersucht. Die beiden Regulatoren GrlA und PchA zeigten jedoch keine spezifische Bindung und wurden demzufolge als indirekte Regulatoren der $nleA_{4795}$-Expression einstuft. Für den Regulator Ler konnte hingegen eine direkte Bindung an bestimmte Bereiche der $nleA_{4795}$-Promotorregion nachgewiesen und somit eine Integration von $nleA_{4795}$ in den Ler-vermittelten Regulationskreis des LEE bestätigt werden.

Summary

Shiga toxin-producing *E. coli* (STEC) are the causative agents of foodborne infections in many countries and can lead to severe diseases like hemorrhagic colitis or the life-threatening hemolytic uremic syndrome. The bacteria colonize the human intestine where they normally cause the formation of characteristic "attaching and effacing"-lesions. Essential for this effect is a pathogenicity island, termed as "locus of enterocyte effacement" (LEE), that encodes the components of a type III secretion system and several effector proteins, which are translocated directly into the host cells by the TTSS machinery. In addition to the LEE-encoded effectors a large number of effector proteins have been identified which are encoded outside of the pathogenicity island. Among these is the "non-LEE encoded effector A" (NleA), which is encoded on cryptic or inducible prophages and is widely distributed among pathogenic *E. coli* strains.

In the present study, the expression and regulation of the *nleA*-variant *nleA*$_{4795}$ of *E. coli* O84:H4 strain 4795/97 was investigated, which is located on the Shiga toxin-converting bacteriophage BP-4795. Therefore, different environmental conditions as well as certain regulatorproteins were tested on their influence on *nleA*$_{4795}$-expression using a luciferase-reportersystem and the quantitative real-time PCR. Among the analyzed environmental factors, certain concentrations of NaCl and KCl were identified to activate *nleA*$_{4795}$-expression, indicating an osmotic-based influence. The suggested induction of *nleA*$_{4795}$ in preconditioned medium due to quorum sensing could not be confirmed, since none of the so far known autoinducers showed a positive influence on the expression. The increased expression of *nleA*$_{4795}$ could be associated with a reduced amount of nutrients in subsequent investigations and therefore demonstrated a relation between *nleA*$_{4795}$-expression and bacterial stress-response-systems. Furthermore, a possible correlation of *nleA*$_{4795}$-expression with the induction of phage BP-4795 and Shiga toxin-expression was analyzed. Different from the expression of Shiga toxin, induction-experiments with norfloxacin showed no activation, but a strong repression of *nleA*$_{4795}$-expression.

Analysis of the regulatory level demonstrated that the expression of *nleA*$_{4795}$ depends on the three LEE-encoded regulators Ler, GrlA und GrlR as well as on the Pch-regulators, which are encoded outside of the LEE. The non-LEE encoded regulator

Summary

EtrA showed no influence on the expression of $nleA_{4795}$. In addition, the regulator proteins Ler, GrlA and PchA were tested for direct binding to the $nleA_{4795}$-promoterregion. Regulators GrlA and PchA showed no specific binding and were therefore classified as indirect regulators of $nleA_{4795}$-expression. In contrast, regulator Ler showed a specific binding to different areas of the $nleA_{4795}$-promoter region and thereby confirmed the integration of $nleA_{4795}$ in the Ler-mediated circuit of LEE-regulation.

1 Einleitung

1.1 Shiga Toxin-produzierende *Escherichia coli*

Das Bakterium *Escherichia coli* wurde erstmals im Jahre 1885 von Theodor Escherich als „dünnes, teilweise leicht gebogenes Stäbchen" beschrieben [Bettelheim, 1986; Yoon und Hovde, 2008]. Die meisten Vertreter dieser Spezies sind kommensale Darmbewohner und Bestandteil einer gesunden Mikroflora von Mensch und Tier. Im Laufe der Evolution führte der Erwerb zusätzlicher Gene durch horizontalen Gentransfer jedoch auch zu der Entwicklung einiger humanpathogener *E. coli* Stämme, die als Auslöser intestinaler Erkrankungen bekannt sind. Zu diesen für den Menschen gefährlichen Pathotypen gehören die enteropathogenen *E. coli* (EPEC), die enterohämorrhagischen *E. coli* (EHEC), die enteroinvasiven *E. coli* (EIEC), die enterotoxischen *E. coli* (ETEC), die enteroaggregativen *E. coli* (EAEC) und die diffus adhärenten *E. coli* (DAEC) [Yoon und Hovde, 2008]. Die enterohämorrhagischen *E. coli* (EHEC) bilden dabei eine pathogene Untergruppe innerhalb der Shiga Toxin-produzierenden *E. coli* (STEC). EHEC-Infektionen können neben wässriger und leicht blutiger Diarrhoe auch schwere Erkrankungen wie hämorrhagische Colitis (HC) und das lebensbedrohliche hämolytisch-urämische Syndrom (HUS) auslösen [Karch et al., 2005]. Die Bezeichnung EHEC wurde früher nur für Shiga Toxin-produzierende *E. coli* verwendet, die in der Lage waren diese schweren Erkrankungen auszulösen. Laut dem „Epidemiologischen Bulletin" des Robert Koch-Instituts [2008] werden nach neuem Infektionsschutzgesetz jedoch auch STEC-Stämme, die milde gastroenteritische Beschwerden hervorrufen als EHEC bezeichnet. Eine weitere Einteilung von verschiedenen *E. coli* Stämmen kann aufgrund einer bestimmten Antigenstruktur erfolgen, hierbei wird durch die spezifische Kombination von O- und H-Antigenen der Serotyp definiert [Stenutz et al., 1996]. Das O-Antigen wird dabei durch einen Teil des in der bakteriellen Außenmembran verankerten Lipopolysaccharides gebildet, während die H-Antikörper sich gegen das Flagellen-Antigen richten.

Die Bedeutung von EHEC als Erreger lebensmittelbedingter Infektionen wurde erstmals 1982 durch zwei Ausbrüche von HC in den USA nach dem Genuss von unzureichend gegartem Fleisch festgestellt [Riley et al., 1983]. Der aus den kontaminierten Fleisch- und Stuhlproben isolierte Serotyp O157:H7 gilt seitdem weltweit als einer der wichtigsten Erreger von EHEC-Infektionen und wird zudem am häufigsten mit HUS in Verbindung gebracht [Nataro und Kaper, 1998; Tarr et al., 2005]. Aber auch andere Serotypen wie z.B. O26:H11, O111:NM und O103:H2 erlangen als Krankheitserreger immer mehr an Bedeutung [Brooks et al., 2005]. Die Anzahl der registrierten EHEC-Infektionen ist laut Robert Koch Institut stark von der Inanspruchnahme labordiagnostischer Methoden abhängig. In Deutschland wurde für das Jahr 2009 die Meldung von 901 EHEC-Infektionen bestätigt, in 66 Fällen führte die Infektion bei Patienten zur Entwicklung von HUS [Jahresstatistik 2009, Robert Koch-Institut]. Im Gegensatz dazu werden beispielweise in den USA durchschnittlich über 73.000 EHEC-Infektion pro Jahr registriert [Lim et al., 2009].

1.1.1 Infektion und Reservoir

Als Hauptinfektionsquelle für STEC bzw. EHEC gelten kontaminierte und unzureichend erhitzte Nahrungsmittel wie z.B. Rohmilchprodukte oder Rinderhackfleisch [Hussein, 2007; Centers for Disease Control and Prevention, 2008]. Es sind jedoch auch nahrungsmittelunabhängige Infektionswege, wie z.B. durch verunreinigtes Wasser, Kontakt mit kontaminierten Tieren oder Übertragungen von Person zu Person beschrieben [Rangel et al., 2005]. Von der Arbeitsgruppe um Varma et al. [2003] wurde sogar die mögliche Übertragung von EHEC durch Luftpartikel innerhalb eines kontaminierten Gebäudes vermutet. Diese unterschiedlichen Übertragungswege lassen sich möglicherweise durch die extrem niedrige Infektionsdosis der Bakterien von 10 – 100 Keimen erklären [Nataro und Kaper, 1998]. Trotz allem wird der Verzehr von Rindfleisch und der daraus hergestellten Produkte für schätzungsweise 75% aller EHEC-Infektionen verantwortlich gemacht [Callaway et al., 2009].
Als Hauptreservoir gelten daher vor allem Rinder, aber auch andere landwirtschaftliche Nutztiere wie Schafe, Schweine und Ziegen sind im Zusammenhang mit STEC von Bedeutung [Lim et al., 2009]. Die Angaben zur Häufigkeit von STEC innerhalb von Rinderbeständen bewegen sich dabei in einem weiten Bereich. Geue et al. [2002] untersuchten zum Beispiel das Vorkommen von STEC in den Beständen mehrerer deutscher Rinderfarmen und erhielten

Prävalenzwerte in einem Bereich zwischen 29% und 82%. Die Kolonisation von STEC im Intestinaltrakt von Wiederkäuern galt lange asymptomatisch und nur von transienter Dauer, wobei leichte Durchfallerkrankungen bei jungen Kälbern durchaus bekannt waren [Nataro und Kaper, 1998]. In der Zwischenzeit wurde jedoch auch der Beweis für eine pathogene Wirkung des Serotyps O157:H7 im terminalen Rektum von Rindern erbracht [Nart *et al.*, 2008].

1.1.2 Krankheitsverlauf

Nach einer Infektion mit EHEC entwickeln Patienten die ersten Symptome für gewöhnlich nach einer Inkubationszeit von drei bis vier Tagen. Die einleitenden Beschwerden sind in der Regel wässrige bis leicht blutige Durchfälle einhergehend mit abdominalen Krämpfen, bei einigen Patienten treten Begleitsymptome wie kurz andauerndes Fieber oder Erbrechen auf. In vielen Fällen verschwinden diese Beschwerden innerhalb einer Woche wieder ohne nachfolgende Schäden zu hinterlassen. Jedoch kann sich bei einigen Patienten auch die schwere Verlaufsform der hämorrhagischen Colitis entwickeln, die durch starke abdominale Schmerzen und blutigen Stuhl gekennzeichnet ist. In 5 – 10% der Fälle führt HC zum lebensbedrohlichen hämolytisch-urämischen Syndrom, wobei hier vor allem immungeschwächte Patienten wie Kleinkinder und ältere Menschen betroffen sind [Nataro und Kaper, 1998; Noris und Remuzzi; Yoon und Hovde, 2008]. Kennzeichen des HUS sind microangiopathische hämolytische Anämie, Thrombozyopenie und akutes Nierenversagen [Johnson und Taylor, 2008]. Auch wenn die Letalitätsrate des hämolytisch-urämischen Syndroms in den Industrieländern durch moderne Dialysemethoden reduziert werden konnte, sterben dennoch 3 – 5% der Patienten [Norris und Remuzzi, 2005; Razzaq, 2006; Tayler 2008].
Im Zusammenhang mit HUS wird zudem als weitere Folge die thrombotisch-thrombozytopenische Purpura (TTP) beschrieben, charakterisiert durch hämolytische Anämie, Thrombozyopenie und neurologische sowie renale Disfunktionen. Die Krankheitsbilder von HUS und TTP sind zwar sehr ähnlich, haben jedoch komplett verschiedene Ätiologien, da als Ursache für TTP eine genetischer Defekt für die Bildung einer Protease des Blutgerinnungssystems gilt [Levandovsky *et al.*, 2008]. Als Ursache für HUS galt bislang die Zerstörung des Nierenepithels durch das

bakterielle Shiga Toxin, mittlerweile wurde jedoch auch ein Zusammenhang mit der Shiga Toxin (Stx)-vermittelten Aktivierung des Komplementsystems beschrieben [Orth et al., 2009; Zoja et al., 2010]. Gerade wegen des hohen Risikos einer HUS-Erkrankung ist es insbesondere im Kindesalter wichtig bei einer akuten Gastroenteritis Stuhlproben zu nehmen und diese auf das Vorhanden sein von EHEC bzw. Stx zu untersuchen. Die Detektion von Stx erfolgt mittels konventioneller Diagnostik-Methoden aus den angereicherten Stuhlproben, wie z.B. PCR oder Enzym Immuno-Assay [Noris und Remuzzi, 2005; Robert Koch-Institut, 2008]. Dennoch steht die Entwicklung von schnelleren Methoden im Vordergrund, um durch eine Früherkennung von EHEC-Infektionen den Ausbruch von HUS möglicherweise verhindern zu können [Johnson und Taylor, 2008].

1.1.3 Therapiemaßnahmen

Die Therapie von EHEC-Infektionen ist bis heute heftig umstritten, da bislang keine effiziente Behandlungsmethode nachgewiesen werden konnte. Insbesondere die Therapie mit Antibiotika ist sehr fragwürdig, seit gezeigt werden konnte, dass die Bildung und Freisetzung von Stx *in vitro* durch Behandlung mit verschiedenen Antibiotika stimuliert wird [Matsushiro, 1999]. Zu diesem Thema existieren zahlreiche Studien mit widersprüchlichen Ergebnissen. Wong et al. [2000] beschrieben beispielsweise, dass die Antibiotikabehandlung von Kindern bei einer Infektion mit EHEC zu einem deutlich höheren Risiko für die Entwicklung von HUS führen kann, wohingegen Safdar et al. [2002] in ihrer Studie keine Kontraindikation nachweisen konnten. Aufgrund des Mangels an übereinstimmenden Studien wird von einer Antibiotikatherapie bei EHEC-Infektionen eindeutig abgeraten und eine symptomatische Behandlung durch Zufuhr von Wasser und Elektrolyten empfohlen [Ake et al., 2005; Johnson und Taylor, 2008].
Die Entwicklung neuer Therapieansätze bei Infektionen mit EHEC ist daher Gegenstand vieler Forschungsarbeiten. Zur Neutralisierung von Stx wurde beispielsweise das Stx-bindende Agens „Synsorb®Pk" entwickelt, wobei in den damit durchgeführten klinischen Studien leider kein verminderter Ausbruch von HC oder HUS nachgewiesen werden konnte [Trachtman et al., 2003]. Für das ebenfalls

Stx-bindendes Agens „Starfish" hingegen konnte bereits gezeigt werden, dass es im Mausmodell schützend gegen letale Dosen von Stx1 wirkt. Eine modifizierte Version, genannt „Daisy", war im selben Modell sowohl gegen Stx1 als auch gegen Stx2 wirksam [Mulvey *et al.*, 2003; Scheiring *et al.*, 2008]. Auch der Einsatz von monoklonalen Antikörpern stellt einen vielversprechenden Therapieansatz dar. Insbesondere bei Antikörpern, die gegen die A-Untereinheit des Toxins gerichtet waren, konnte eine wirksame Neutralisation beobachtet werden [Tzipori, 2004]. Im Mausmodell konnte bereits eine schützende Wirkung eines solchen Antikörpers gegen die Kolonisierung der Bakterien sowie gegen den Gewichtsverlust und Tod der Mäuse gezeigt werden [Mohawk *et al.*, 2010]. Es gibt jedoch auch Therapieansätze, die unabhängig von Stx sind. Rasko *et al.* [2008] fanden durch die Untersuchung von 150.000 kleiner organischer Moleküle die Komponente LED209, die die bakterielle Histidinkinase QseC blockiert. Diese dient als Rezeptor für die Wirtshormone Adrenalin und Noradrenalin und vermittelt nach deren Bindung die Aktivierung von Virulenzgenen [Clarke *et al.*, 2006]. Die Wechselwirkungen zwischen Erreger und Wirt stellen somit ebenfalls einen wichtigen Angriffspunkt für neue Therapieansätze zur Behandlung von EHEC-Infektionen dar.

1.2 STEC und Umweltstress

Der Lebensraum von Bakterien besteht zumeist aus ständig wechselnden Umweltbedingungen. Auch Shiga Toxin-produzierende *E. coli* sind beispielsweise beim Übergang aus der Lebensmittelmatrix in den Magendarmtrakt des Menschen unterschiedlichen chemischen und physikalischen Umgebungen ausgesetzt. Um sich diesen zahlreichen Stressbedingungen optimal anzupassen, besitzen die Bakterien globale „Stressantwort"-Systeme mit deren Hilfe sie durch Umstellung der Genexpression und des Zellstoffwechsels schnell auf wechselnde Umweltbedingungen reagieren können. In der Regel induzieren umweltbedingte Stressfaktoren, wie z.B. der Mangel an Nährstoffen sowie die Einwirkung von UV-Strahlung, Antibiotika oder osmotischem Stress, verschiedene Stressantwort-Systeme, die sich in ihren Antwortwegen überschneiden können [Foster *et al.*, 2007].

1.2.1 SOS-Antwort

Die SOS-Antwort in *E. coli* wird durch umweltbedingte Schädigung der DNA induziert und dient im Wesentlichen dazu, die letalen Auswirkungen eines solchen Schadens zu minimieren [Radman, 1974; Janion, 2008]. Vermittelt wird die SOS-Antwort hauptsächlich durch das Zusammenspiel zweier Proteine, dem transkriptionalen Repressor LexA und der Co-Protease RecA. Bei der Schädigung der bakteriellen DNA durch z.B. UV-Bestrahlung oder Norfloxacin-Behandlung entstehen einzelsträngige DNA-Moleküle, die von RecA erkannt und gebunden werden. Dieser Komplex stimuliert wiederum die autokatalytische Spaltung des Repressors LexA [Horii *et al.*, 1981; Foster, 2007]. Durch den Abbau des Repressors wird dann die Transkription von Genen ermöglicht, deren Produkte für die Reparatur der DNA verantwortlich sind [Fernández de Henestrosa *et al.*, 2000]. Jedes dieser durch die SOS-Antwort induzierten Gene enthält in seiner Promotorregion eine spezifische Nukleotidsequenz, die sogenannte SOS-Box, an die unter normalen Umständen der Repressor LexA gebunden ist [Little *et al.*, 1981]. Durch die Spaltung von LexA wird unter anderem auch die Expression der DNA-Polymerasen II, IV und V induziert, die dann Replikation und Reparatur beschädigter DNA-Fragmente vermitteln [Bonner *et al.*, 1990; Fuchs *et al.*, 2004; Foster *et al.*, 2007]. Die DNA-Polymerasen IV und V gehören zur Y-Familie der spezialisierten Polymerasen, welche im Gegensatz zu den hochakkuraten Polymerasen I, II und III für den fehlerhaften Einbau von Nukleotiden und somit für Genmutationen verantwortlich sind, wodurch den Bakterien ein Selektionsvorteil ermöglichen werden kann [Lehmann, 2006; Hasting *et al.*, 2010]. Außer für die Spaltung von LexA ist die Protease RecA auch für den Abbau des Phagen-Repressorproteins CI verantwortlich, wodurch der Übergang von integrierten lysogenen Bakteriophagen in den lytischen Phagenzyklus induziert wird [Craig und Roberts, 1981]. Hierauf wird in Abschnitt 1.4.2 noch genauer eingegangen werden.

1.2.2 Generelle Stressantwort und "Stringent Response"-System

Wenn STEC und andere Bakterien in die stationäre Wachstumsphase übergehen und die Zufuhr von Nährstoffen limitiert ist, wird in der Regel die generelle Stressantwort induziert. Den Hauptregulator dieser Stressantwort stellt der alternative Sigmafaktor RpoS (σ^S) dar, eine Untereinheit der bakteriellen RNA-Polymerase [Hengge-Aronis, 2002; Foster, 2007]. Dieser geht unter bestimmten Stressbedingungen einen Komplex mit der RNA-Polymerase ein und verdrängt dadurch teilweise den vegetativen Sigmafaktor RpoD (σ^{70}), der unter normalen Bedingungen die Untereinheit des Holoenzymes bildet. Als Folge davon wird die Transkription zahlreicher Gene aktiviert. Im pathogenen *E. coli* Stamm EDL933 ist RpoS beispielsweise an der stressbedingten Regulation von über 1000 Genen beteiligt, worunter sich auch einige Virulenzgene befinden [Dong und Schellhorn, 2009]. Außer der Limitierung von Nährstoffen können auch andere Faktoren, wie z.B. hoher osmotischer Druck, ein niedriger pH-Wert und extreme Temperaturwechsel für die Induktion der generellen Stressantwort verantwortlich sein. Die Aktivierung von RpoS wird auf verschiedenen Ebenen durch eine Vielzahl von regulatorischen Elementen kontrolliert. Zudem überschneidet sich die RpoS-vermittelte generelle Stressantwort auch mit anderen globalen Antwort-Systemen, wodurch die Bakterien in der Lage sind, schnell und umfassend auf unterschiedlichste Stressbedingungen zu reagieren [Foster, 2007].

Ein Beispiel dafür ist das Stringent Response-System der Bakterien, welches durch einen Mangel an Nährstoffen wie Kohlenhydraten, Aminosäuren und Phosphaten induziert werden kann [Chatterji and Ojha, 2001]. Vermittelt wird diese Reaktion durch das Guanosin Tetraphosphat ppGpp, dessen intrazelluläre Konzentration durch den Nährstoffmangel stark erhöht wird. Der Mangel an Aminosäuren führt beispielweise zur Bindung von ungeladenen t-RNA-Molekülen an die A-Bindestellen der Ribosomen. Diese Bindung bedingt wiederum die Aktivierung des Ribosom-assoziierten Proteins RelA, welches dann die Synthese großer Mengen an ppGpp katalysiert [Hogg *et al.*, 2004]. Das Signalmolekül ppGpp bindet in der Nähe des aktiven Zentrums der RNA-Polymerase und inhibiert dadurch die Initiation der Transkription an tRNA- und rRNA-Promotoren [Artsimovitch *et al.*, 2004]. Im Gegensatz dazu wird die Transkription von Genen, die für Enzyme der Aminosäuren-Synthese kodieren, durch ppGpp stark erhöht [Magnusson *et al.*, 2005; Paul *et al.*, 2005]. Während der letzten Jahre wurde zudem gezeigt, dass eine weitere Komponente, der Transkriptionsfaktor DksA, ausschlaggebend für den Einfluss von ppGpp auf die Transkription ist [Paul *et al.*, 2004]. Anders als die meisten

Transkriptionsfaktoren bindet DksA nicht an die DNA, sondern ebenfalls an die RNA-Polymerase, wodurch die Bindung von ppGpp stabilisiert wird [Perederina et al., 2004]. Paul et al., [2004] konnten außerdem zeigen, dass DksA nicht nur die Wirkung von ppGpp verstärkt, sondern essentiell für den ppGpp-vermittelten Einfluss auf die Aktivität bestimmter Promotoren ist.

Es werden jedoch nicht nur die tRNA- und rRNA-Promotoren und die Promotoren der Aminosäure-Synthese von ppGpp und DksA beeinflusst, sondern auch die Transkription des alternativen Sigmafaktors RpoS sowie die Aktivität mehrerer RpoS-abhängiger Promotoren [Kvint et al., 2000]. Da RpoS wiederum die Induktion der generellen Stressantwort vermittelt, ist dies ein Beispiel für das oben erwähnte Zusammenspiel von globalen Stressantwort-Systemen, wodurch den Bakterien eine schnelle und umfassende Adaption an veränderte Umweltbedingungen ermöglicht wird.

1.2.3 Quorum Sensing

Das Phänomen des Quorum Sensing, ursprünglich als „Autoinduktion" bezeichnet, wurde erstmals für das marine Bakterium *Vibrio fischeri* beschrieben [Nealson et al., 1970]. Damals konnte beobachtet werden, dass die Biolumineszenz dieser Bakterien durch Zunahme der Zelldichte überproportional stark erhöht wird. Zudem konnte ein Anstieg der Lumineszenz auch ohne ausreichende Zelldichte erreicht werden, wenn die Bakterien in vorkonditioniertem Medium inkubiert wurden, das mit Bakterien derselben Spezies präpariert worden war [Kempner und Hanson, 1968; Nealson et al., 1970]. Später wurde der Begriff Quorum Sensing eingeführt, der dem Namen nach die Fähigkeit von Bakterien bezeichnet, die Dichte der eigenen Population sowie die andere Bakterien mit Hilfe kleiner Signalmoleküle wahrzunehmen und darauf entsprechend zu reagieren [Fuqua et al., 1994]. Inzwischen beschreibt die Bezeichnung Quorum Sensing jedoch eher die „Kommunikation" zwischen Bakterienzellen in Reaktion auf verschiedene Umweltbedingungen, wodurch es einer Bakterienpopulation möglich ist, Änderungen in der Genexpression zu synchronisieren [Xavier und Bassler, 2003; Turovskiy et al., 2007].

Bislang sind drei verschiedene Systeme von bakteriellen Signalmolekülen, bezeichnet als Autoinducer (AI), beschrieben worden. Am Beispiel des marinen

Bakteriums *Vibrio harveyi* konnte zunächst die Reaktion auf zwei verschiedene Autoinducer nachgewiesen werden, die dementsprechend als AI-1 und AI-2 bezeichnet wurden [Bassler *et al.*, 1994]. In gramnegativen Bakterien wurde die Struktur für AI-1 als acetyliertes Homoserin Lakton identifiziert, dessen Synthese von den Proteinen LuxM und LuxL abhängt [Bassler *et al.*, 1993]. Als Rezeptor für AI-1 konnte das Sensorkinase-Protein LuxR identifiziert werden [Fuqua *et al.*, 1994]. Aufgrund der unterschiedlichen Acylketten des Homoserin Laktons galt das AI-1-System als hoch spezifisch und nur für den intraspezifischen Austausch bestimmt wobei hierfür bereits Ausnahmen beschrieben wurden [Federle und Bassler 2003]. Beispielsweise konnte die speziesübergreifende Induktion des AI-1-Systems von *V. harveyi* durch „Preconditioned Medium" gewonnen aus *V. parahaemolyticus* nachgewiesen werden [Bassler *et al.*, 1997]. Zudem existieren Studien, die eine Wirkung von AI-1 auf eukaroytische Zellen belegen [Reading und Sperandio, 2006]. Für *E. coli* konnte bislang keine Fähigkeit zur Produktion von AI-1 nachgewiesen werden. Die Bakterien exprimieren jedoch ein Homolog des LuxR-Rezeptorproteins, weshalb vermutet wird, dass *E. coli* in der Lage ist, AI-1 wahrzunehmen [Turovskiy *et al.*, 2007].

Die Synthase des Autoinducer-2, LuxS, ist weitverbreitet unter diversen Bakterienspezies. Daher wird angenommen, dass das AI-2-System sowohl an der intra- als auch an der interspezifischen Kommunikation von Bakterien beteiligt ist [Surrette *et al.*, 1999]. Die Synthese von AI-2 erfolgt in mindestens drei enzymatisch katalysierten Schritten aus S-Adenosylmethionin. Dabei katalysiert das Enzym LuxS im letzten Schritt der AI-2-Synthese die Umwandlung von S-Ribosylhomocystein zu Homocystein und 4,5-Dihydroxy-2,3-Pentandion (DPD). DPD ist eine sehr instabile Verbindung, die anschließend unter Bildung von AI-2 zyklisiert [Schauder *et al.*, 2001]. Im Bakterium *V. harveyi* wurde AI-2 durch eine Kristallstrukturanalyse als Furanosyl-Borat-Diester identifiziert [Chen *et al.*, 2002].

Als drittes bakterielles Signalmolekül wurde der Autoinducer-3 beschrieben. Das AI-3-System ist an der „Interkingdom"-Kommunikation zwischen den Bakterien und ihrem eukaryotischen Wirt beteiligt, da das AI-3-System ebenfalls auf die Wirtshormone Adrenalin und Noradrenalin reagiert [Sperandio *et al.*, 2003]. Als Rezeptor für diesen sogenannten „Cross Talk" der beiden gastrointestinalen

Hormone und dem AI-3 der Bakterien dient dabei die membrangebundene bakterielle Histindinkinase QseC [Clarke et al., 2006]. Ausgehend von QseC erfolgt dann über eine komplexe Regulationskaskade die Aktivierung der Expression von Virulenzgenen wie z.B. der Flagellen-Gene oder der Gene des „Locus of Enterocyte Effacement" [Clarke und Sperandio et al., 2005; Walters und Sperandio, 2006]. Als direkter Aktivator der Genexpression fungiert dabei der Quorum Sensing Regulator QseA. Neuere Studien konnten zudem für den EHEC Serotyp O157:H7 die Existenz eines zweiten direkten Regulators, QseD, nachweisen [Sharp und Sperandio 2007; Habdas et al., 2010]. Die Synthese von AI-3 ist im Gegensatz zu AI-2 nur bedingt von der Synthase LuxS abhängig, da sie beispielsweise durch externe Tyrosinzufuhr und Überexpression von Tyrosintransportern umgangen werden kann [Walters et al., 2006]. Diese Tatsache deutet darauf hin, dass AI-3, ebenso wie Adrenalin und Noradrenalin aus der Aminosäure Tyrosin synthetisiert wird und eine ähnliche Struktur wie die beiden Hormone aufweist. Weiter unterstützt wird diese Vermutung durch die Tatsache, dass alle drei Moleküle durch denselben Rezeptor erkannt werden. Die genaue Struktur von AI-3 ist jedoch bislang unbekannt [Clarke et al., 2006].

1.3 Pathogenitätsfaktoren

Die Shiga Toxin-produzierenden *E. coli* besitzen eine Vielzahl von chromosomal und plasmidkodierten Pathogenitätsfaktoren. Neben dem für sie charakteristischen Shiga Toxin können die Bakterien noch weitere Toxine wie z.B. das ebenfalls phagenkodierte „Cytolethal Distending Toxin V" CDT-V [Janka et al., 2003] sowie plasmidkodierte Toxine wie das EHEC-Hämolysin [Schmidt et al., 1995] und das Subtilase Zytotoxin SubAB [Paton et al., 2004] besitzen. Einen weiteren Hauptfaktor für die Pathogenität von STEC stellt die chromosomale Pathogenitätsinsel LEE und das darauf kodierte Typ III Sekretionssystem dar [Garmendia et al., 2005]. Als zusätzliche Faktoren gelten z.B. die plasmidkodierte Serinprotease EspP [Brunder et al., 1997] oder die Katalase-Peroxidase KatP [Brunder et al., 1996]. Die Faktoren, die zur Virulenz von STEC beitragen sind sehr zahlreich und komplex, im folgenden Abschnitt wird daher nur auf die Shiga Toxine und die Stx-kodierenden

Bakteriophagen sowie die Pathogenitätsinsel LEE, das Typ III Sekretionssystem und die darüber sekretierten Effektorproteine eingegangen.

1.3.1 Shiga Toxine

Die Fähigkeit zur Produktion von einem oder mehreren Shiga Toxinen (Stx) stellt einen Hauptpathogenitätsfaktor der STEC dar. Erstmals von Konowalchuk *et al.* [1977] beschrieben unterschied sich dieses Toxin von den bis dahin bekannten Enterotoxinen und übte einen zytotoxischen Effekt auf Verozellen (Zelllinie aus Nierenzellen der afrikanischen Meerkatze) aus. Einige Jahre später wurde aus durchfallverursachenden *E. coli* Stämmen ebenfalls ein Toxin isoliert, das in seiner Struktur dem Toxin von *Shigella dysenteriae* Typ1 ähnelte und zytotoxisch auf HeLa-Zellen (Zelllinie eines humanen Zervixkarzinoms) wirkte [O'Brien *et al.*, 1983; O'Brien und LaVeck, 1983]. Aufgrund dieser Beobachtungen wurden *E. coli* Stämme, die ein solches Toxin produzierten, dementsprechend als Vero Toxin-produzierende *E. coli* (VTEC) oder Shiga-like Toxin-produzierende *E. coli* (SLTEC) bezeichnet. Heute werden jedoch nur noch die Bezeichnungen VTEC und STEC als Synonym für *E. coli* Stämme verwendet, die Shiga Toxine exprimieren.

Die Familie der Shiga Toxine besteht aus zwei Hauptgruppen, Stx1 und Stx2, deren Aminosäure-Sequenzen zu 60% identisch sind [Caprioli *et al.*, 2005]. Die Stx1-Gruppe, bestehend aus Stx1, Stx1c [Zhang *et al.*, 2002a] und Stx1d [Bürk *et al.*, 2003], weist nur geringe Sequenzvariationen auf und stellt damit die homogenere der beiden Hauptgruppen dar. Die heterogene Stx2-Gruppe besteht neben Stx2 aus den Varianten Stx2c [Schmitt *et al.*, 1991], Stx2d [Pierard *et al.*, 1998], Stx2dact [Melton-Celsa *et al.*, 1996], Stx2e [Weinstein *et al.*, 1988], Stx2f [Schmidt *et al.*, 2000], und Stx2g [Leung *et al.*, 2003]. Epidemiologische Studien konnten zudem zeigen, dass die Stx2-Gruppe allgemein mit einem schwereren Krankheitsverlauf und dem höheren Risiko einer HUS-Erkrankung assoziiert ist, wobei zwischen den einzelnen Varianten jedoch Unterschiede bestehen [Boerlin *et al.*, 1999; Caprioli *et al.*, 2005]. Shiga Toxine gehören zu den AB_5-Holotoxinen, die aus einer enzymatisch aktiven A-Untereinheit und einer pentameren B-Untereinheit bestehen. Die pentamere B-Untereinheit vermittelt die Bindung an Glykolipidrezeptoren wie den Globotriaosylceramid-Rezeptor Gb3, der besonders stark auf den Zelloberflächen des Nierenepithels exprimiert wird. Nach der Aufnahme über rezeptorvermittelte Endozytose erfolgt der retrograde Transport des Toxins über den Golgi-Apparat zum Endoplasmatischen Reticulum [Sandvig und Van Deurs, 2000]. Dort wird die von der A-Untereinheit die enzymatisch aktive A1-Einheit abgespalten und ins Zytosol entlassen. Aufgrund der N-Glykosidase-Aktivität der A1-Einheit erfolgt anschließend die Abspaltung eines Adeninrestes an der 28S rRNA der ribosomalen 60S-Untereinheit, wodurch die Proteinsynthese inhibiert und der Zelltod eingeleitet wird [Paton und Paton, 1998]. Zudem können Shiga Toxine in Endothelzellen zur Apoptose führen [Erwert et al., 2003] und Leukozyten-vermittelte Entzündungsreaktionen hervorrufen [Norris und Remuzzi, 2005]. All diese durch Stx induzierten pathophysiologischen Veränderungen können zu den schweren Begleiterscheinungen einer EHEC-Infektion und zur Entwicklung von HUS führen. Neuere Studien lassen jedoch vermuten, dass HUS nicht nur durch eine direkte Schädigung der Nierenzellen durch Stx ausgelöst wird, sondern auch durch eine Stx-vermittelte Aktivierung des Komplementsystems verursacht werden kann [Orth et al., 2009].

1.3.2 Shiga Toxin-konvertierende Bakteriophagen

Die Stx-kodierenden Gene sind im Genom temperenter lambdoider Phagen lokalisiert [O'Brien et al., 1984]. Bakteriophagen stellen mobile genetische Elemente dar, die eine große Rolle in der Entwicklung der genomischen Vielfalt von E. coli spielen. Schätzungsweise 5% des Bakteriengenoms bestehen aus integrierten Phagen oder phagen-assoziierten Elementen [Perna et al., 2001]. Obwohl Stx-Phagen die genetische „Grundausstattung" mit dem Phagen Lambda gemeinsam haben [Campell, 1994], stellen sie im Bezug auf die Morphologie und die genetische Organisation eine sehr unterschiedliche Gruppe dar [Unkmeir und Schmidt, 2000; Johansen et al., 2001; Muniesa et al., 2004]. Für diese Heterogenität der Stx-Phagen sind mitunter Rekombinationsereignisse verantwortlich, aufgrund derer es zur Integration von zusätzlichen Genen oder IS-Elementen kommt [Herold et al., 2004]. Diese zusätzlich erworbenen Gene können zudem einen autonomen Promotor sowie einen stromabwärts liegenden Terminator besitzen und werden als „Moron" bezeichnet. Die Transkription solcher Morons kann demzufolge völlig unabhängig und sogar in reprimierten Phagen erfolgen [Hendrix et al., 2000; Creuzburg et al., 2005]. Die Strukturgene für die A- und B-Untereinheiten von Stx liegen auf einem Operon in einem zum Teil sehr heterogenen Bereich der späten regulatorischen Phagenregion, stromabwärts des Antiterminators Q und stromaufwärts der Lysekassette [Sung et al., 1990; Unkmeir und Schmidt, 2000]. Obwohl für beide *stx*-Gene eigene Promotoren identifiziert werden konnten, scheint die Expression von Stx von der Induktion und Transkription der Phagengene abhängig zu sein [Neely und Friedman, 1998; Wagner et al., 2001]. Zum einen sind die *stx*-Gene direkt stromabwärts des späten Phagenpromotors $p_{R'}$ lokalisiert und damit Teil der von Antiterminator Q-vermittelten Transkription der späten Phagengene [Neely und Friedman, 1998; Plunkett et al., 1999]. Zum anderen konnte gezeigt werden, dass durch die Inkubation von Stx-Phagen-tragenden *E. coli* Stämmen unter induzierenden Bedingungen nicht nur die Phagenbildung, sondern auch die Expression von Stx induziert wird. Solche phageninduzierenden Bedingungen können z.B. die Behandlung mit Antibiotika wie Mitomycin C oder Norfloxacin [Yee et al., 1993; Matsushiro et al., 1999; Herold et al., 2005], die Einwirkung von UV-Strahlen oder die Präsenz von neutrophilen Granulozyten und H_2O_2 sein [Wagner et al., 2001; Loś et al., 2009].

Unter nichtinduzierenden Bedingungen befinden sich die Stx-Phagen im lysogenen Phagenzyklus, d.h. sie liegen als integrierte Prophagen im Bakteriengenom vor. In diesem Stadium blockiert der Phagenrepressor CI die beiden Promotoren der frühen Phagenregion p_R und p_L und verhindert dadurch die Transkription der meisten Phagengene. Wie bereits in Abschnitt 1.2.1 beschrieben, löst die umweltbedingte Schädigung der DNA eine bakterielle SOS-Antwort aus. Dabei kommt es zu einer RecA-vermittelten Spaltung des CI-Repressors, wodurch schließlich der Übergang in den lytischen Phagenzyklus induziert wird. Die Spaltung von CI führt zunächst zur Expression des Antiterminatorproteins N, welches wiederum die Expression von Phagenproteinen für die Exzision und Replikation sowie die Expression des bereits erwähnten Antiterminators Q ermöglicht. Die Aktivierung des Antiterminators Q bewirkt dann, dass die Gene der späten Phagenregion abgelesen werden, wozu die Stx-kodierenden Gene sowie die Gene für die Lyse und Morphogenese des Phagen gehören. Dies wiederum resultiert in der Bildung neuer Phagen und der Phagenfreisetzung durch die enzymatische Lyse der Zelle [Wagner et al., 2001; Waldor et al., 2005].

1.3.3 Locus of Enterocyte Effacement (LEE)

Die Bezeichnung "Locus of Enterocyte Effacement", kurz LEE, steht für eine bei STEC, EPEC und *Citrobacter rodentium* vorkommenden Pathogenitätsinsel. Der Definition nach sind Pathogenitätsinseln (PAI) zwischen 10 und 200 kb große Chromosomenabschnitte, auf denen ein oder mehrere Virulenzgene lokalisiert sind. PAIs weisen in der Regel einen zum Kerngenom unterschiedlichen G+C-Gehalt auf und sind im Genom von nichtpathogenen Bakterien derselben Spezies nicht vorhanden. Des Weiteren sind PAIs häufig mit mobilen genetischen Elementen, wie IS-Elementen und Transposons, assoziiert und besitzen eine heterogene Mosaik-ähnliche Genorganisation. Lokalisiert sind PAIs zumeist in direkter Nachbarschaft zu tRNA-Loci, weshalb diese als Ankerpunkte für die Insertion zusätzlich erworbener DNA gelten [Schmidt und Hensel, 2004]. Die Pathogenitätsinsel LEE wurde zunächst für den EPEC Stamm E2348/69 beschrieben und umfasst bei diesem eine 35,6 kb große Sequenz mit 41 offenen Leserahmen (ORF) [McDaniel et al., 1995; Elliott et al., 1998]. LEE ist aber auch ein charakteristisches Virulenzmerkmal der STEC, wobei die Pathogenitätsinsel im *E. coli* Stamm EDL933 eine Größe von 43,4 kb besitzt und 54 ORFs enthält. Die 13 zusätzlichen ORFs des STEC-LEE gehören zu der Sequenz eines putativen Prophagen der P4-Familie, welcher im LEE der EPEC nicht vorhanden ist [Perna et al., 1998]. Der *E. coli* Stamm RW1374 des Serotyps O103:H2 besitzt sogar eine 111 kb große PAI, die zusätzlich zur LEE-Kernsequenz noch weitere Gene und IS Elemente enthält [Jores et al., 2005].

Die 41 Leserahmen der LEE-Kernsequenz sind hauptsächlich in 5 polycistronischen Operons organisiert. Dabei kodieren die Operons LEE1, LEE2 und LEE3 vorwiegend die strukturellen Komponenten eines Typ III Sekretionssystemes (TTSS) [Mellies et al., 1999]. In dem stromabwärts gelegenen LEE5 Operon sind die Gene für das Außenmembranprotein Intimin, den „Translocated Intimin Receptor" (Tir) und das Chaperon CesT lokalisiert [Sánchez-SanMartín et al., 2001]. Das nachfolgende LEE4

Operon kodiert vor allem Translokator- und Effektorproteine des TTSS [Mellies et al., 1999]. Aufgrund dieser enthaltenen Virulenzkomponenten ist die Pathogenitätsinsel LEE verantwortlich für die Ausbildung von charakteristischen „Attaching und Effacing" (A/E)-Läsionen im Darmepithel des Menschen. Dabei kommt es zunächst zu einer lockeren Anheftung der Bakterien an die Enterozyten des Dickdarms. Über das TTSS werden anschließend verschiedene Effektorproteine direkt in die Wirtszelle injiziert. Der Rezeptor Tir wird nach der Translokation in die Zellmembran der Wirtszelle eingebaut und vermittelt durch Bindung an das Intimin der Bakterienmembran eine starke und irreversible Adhärenz der Bakterien, während der es zum lokalen Verlust der Mikrovilli kommt. Zudem verursachen die übertragenen Effektorproteine u.a. eine Umlagerung des eukaryotischen Zytoskeletts und die Ausbildung einer aktinreichen sockelartigen Struktur unterhalb des adhärenten Bakteriums [Garmendia et al., 2005; Frankel und Phillips, 2008].

1.3.3.1 Aufbau des Typ III Sekretionssystems

Die Virulenz vieler gramnegativer Bakterien ist mit der Ausbildung von Typ III Sekretionssystemen assoziiert. Durch das TTSS können Effektorproteine über die bakterielle Innen- und Außenmembran transportiert und mit Hilfe eines nadelartigen Komplexes direkt in das Zytoplasma der Wirtszelle injiziert werden. Der Typ III Sekretionsapparat ist aus mehreren Komponenten aufgebaut, die durch etwa 20 Gene kodiert werden [Garmendia et al., 2005]. Zu diesen LEE-kodierten Komponenten gehören eine Reihe von hoch konservierten integralen Membranproteinen, verschiedene zytoplasmatische Chaperons und mehrere funktionelle Proteine, die das TTSS somit zu einem der komplexesten bakteriellen Sekretionssysteme machen [Galán und Unger, 2004]. Die Ausbildung des TTSS läuft nach einer bestimmten Reihenfolge ab. In STEC und EPEC erfolgt zunächst die Etablierung des ringförmigen Basalapparates durch den Einbau der Proteine EscD, EscQ, EscR, EscS, EscT, EscU und EscV in die innere Bakterienmembran [Ogino et al., 2006; Tree et al., 2009]. An der zytosolischen Seite dieses basalen Komplexes ist zudem die ATPase EscN assoziiert, die die notwendige Energie für den Transportmechanismus liefert [Gauthier et al., 2003]. Als Bestandteil des

Proteinkomplexes in der bakteriellen Außenmembran konnte bislang nur das zur Proteinfamilie der Sekretine gehörende EscC nachgewiesen werden, welches durch seine ringförmige oligomere Anordnung eine kanalartige Struktur ausbildet [Gauthier et al., 2003]. Die Verbindung der beiden Proteinkomplexe in der inneren und äußeren Membran erfolgt durch das Protein EscJ. Dabei wird angenommen, dass das Lipoprotein im periplasmatischen Raum eine zylinderartige Struktur ausbildet und somit als eine Art Brücke zwischen den beiden Proteinkomplexen fungiert [Crepin et al., 2005; Garmendia et al., 2005]. Ausgehend von dem membranumspannenden Basisapparat wird durch das Protein EscF die Sekretionsnadel ausgebildet und darüber verschiedene Translokatorproteine wie z.b. EspA sekretiert [Wilson et al., 2001]. Die Bindung von EspA an den äußeren Bereich der Sekretionsnadel führt dann zur Polymerisierung der EspA-Einheiten und somit zur Ausbildung des für STEC und EPEC charakteristischen EspA-Filamentes. Dieses stellt eine Erweiterung der nadelartigen EspF-Struktur dar, die den direkten Kontakt zur Zielzelle vermittelt und für den Transport der bakteriellen Proteine verantwortlich ist [Delahay et al., 1999 Daniell et al., 2003]. In der Zielmembran erfolgt dann, vermittelt durch die beiden Translokatorproteine EspD und EspB, die Ausbildung einer Translokationspore durch die die Effektorproteine ins Zytoplasma der Wirtszelle gelangen können. Das Protein EspD wird zudem für die Polymerisierung von EspA benötigt und dient der Verankerung des EspA-Filamentes in der Zielmembran [Knutton et al., 1998; Gamendia et al., 2005]. Bei der Ausbildung des Translokationsapparates spielen außerdem die beiden zytoplasmatischen Proteine SepL und SepD eine große Rolle. Die genau Wirkungsweise ist nicht bekannt, es wird jedoch vermutet, dass die beiden interagierenden Proteine an der Umschaltung der Sekretion von Translokator- zu Effektorproteinen beteiligt sind [O'Connell et al., 2004; Tree et al., 2009]. Eine schematische Darstellung des komplexen Typ III Sekretionssystems ist in Abbildung 1.1 zu sehen.

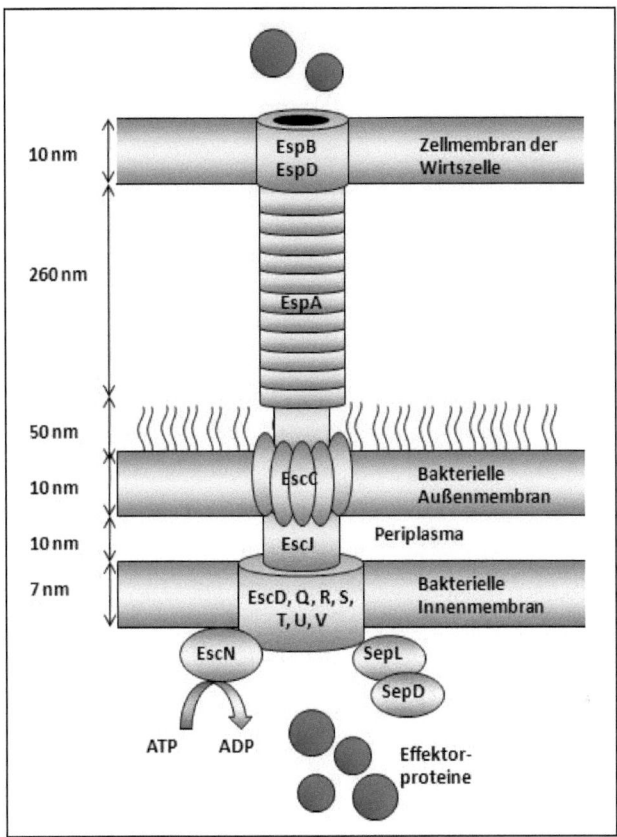

Abbildung 1.1: Schematische Darstellung des Typ III Sekretionssystems nach Garmendia *et al.* [2005].

1.3.3.2 LEE-kodierte Effektorproteine

Zu den LEE-kodierten Effektoren, die über das TTSS in die Wirtszelle injiziiert werden, zählen die Proteine Tir, Map, EspF, EspG, EspH, EspZ und EspB [Garmendia *et al.*, 2005; Tree *et al.*, 2009]. Wie bereits in Abschnitt 1.3.3 beschrieben, wird Tir nach der Translokation in die Wirtszelle in die Membran eingebaut und fungiert dort als Rezeptor für das Oberflächenprotein Intimin der bakteriellen Außenmembran [Kenny *et al.*, 1997]. Zudem ist Tir für die Induktion der

Aktin-Polymerisierung und der dadurch bedingten Umlagerung des eukaryotischen Zytoskeletts verantwortlich, wobei dies in STEC und EPEC durch unterschiedliche Mechanismen geschieht. Während die Aktin-Polymerisierung in EPEC durch Phosphorylierung von Tir und eine dadurch ausgelöste Signalkaskade verursacht wird, erfolgt die Polymerisierung in STEC unabhängig von der Phosphorylierung des Rezeptors durch die Interaktion mit dem nicht-LEE kodierten Effektor EspF$_U$ [DeVinney et al., 2001; Campellone et al., 2004]. Das „Mitochondrion-associated Protein" Map erfüllt in der Zielzelle verschiedene Funktionen. Zum einen behindert es beispielsweise die Aufrechterhaltung des mitochondrialen Membranpotentials und führt somit zur Zerstörung der Zellorganellen. Unter anderem kann Map aber auch an der Störung der intestinalen Schrankenfunktion durch Beeinflussung der Tight Junctions und an der Ausbildung von Filopodien beteiligt sein [Kenny und Jepson, 2000; Dean und Kenny, 2004]. Das Effektorprotein EspF ist ebenfalls an der Störung der intestinalen Barriere beteiligt und löst in der Zielzelle zudem eine Reihe von Effekten, wie z.B. die Modulation des Zytoskeletts, die Zerstörung der Mikrovilli und Apoptose aus [Holmes et al., 2010]. Die beiden Effektoren EspG und EspH spielen ebenfalls eine Rolle bei der Umordnung des Zytoskeletts und der dadurch bedingten Sockelbildung und tragen zur Kolonisation der Bakterien im Darm bei [Tu et al., 2003; Ritchie und Waldor, 2005]. Für das Protein EspB wurde zusätzlich zu seiner Funktion im Translokationsapparat auch ein modulierender Effekt auf das Zytoskelett der Zielzelle beschrieben [Kodama et al., 2002]. Die Funktion des Effektors EspZ nach der Translokation war lange Zeit unbekannt, neueste Studien lassen interessanterweise vermuten, dass EspZ an der Aktivierung von „Überlebens-Mechanismen" der Wirtszelle beteiligt ist [Shames et al., 2010].

1.3.3.3 Regulation des LEE

Die Expression der Pathogenitätsinsel LEE wird in STEC durch verschiedene regulatorische und umweltbedingte Einflüsse kontrolliert. Eine globale Stellung nimmt dabei der „LEE-encoded Regulator" Ler ein, der durch das erste Gen des LEE1 Operons kodiert wird und die Transkription der anderen LEE-Operons aktiviert [Friedberg et al., 1999; Elliott et al., 2000]. Ler weist auf Aminosäureebene eine hohe Sequenzhomologie zu der C-terminalen Region des Histon-ähnlichen Regulator-

Proteins auf [Elliott *et al.*, 2000]. Dieses bindet in dimerer Form an bestimmte DNA-Bereiche und verändert dort den Verdrillungsgrad der DNA, das sogenannte „Supercoiling", wodurch die DNA-Topologie und somit die Genexpression verändert werden kann [Atlung und Ingmer, 1997]. Verschiedene Studien konnten zeigen, dass Ler seine positive regulatorische Funktion primär durch eine Gegenwirkung auf die durch H-NS vermittelte Repression der LEE-Gene ausübt [Bustamante *et al.*, 2001; Haack *et al.*, 2003]. Zudem wirkt Ler als negativer Regulator des LEE1 Operons und damit autoregulatorisch auf die eigene Expression, wodurch eine Überexpression des LEE verhindert werden kann [Berdichevsky *et al.*, 2005]. Zwei weitere LEE-kodierte Regulatoren stellen die beiden Proteine GrlR und GrlA dar, deren kodierenden Sequenzen auf dem *grlRA* Operon, zwischen LEE1 und LEE2, lokalisiert sind [Deng *et al.*, 2004]. Während der „Global Regulator of LEE Activator" GrlA die Expression der LEE-Gene durch einen positiven Regulationskreis mit dem Regulator Ler kontrolliert [Barba *et al.*, 2005], fungiert der „Global Regulator of LEE Repressor" GrlR als negativer Regulator [Deng *et al.*, 2004]. Anders als GrlA, das direkt an die Promotorregion des *ler*-Gens bindet, wirkt GrlR dabei als indirekter Regulator durch Bindung und Inaktivierung von GrlA [Yoda und Watanabe, 2005; Jonichen *et al.*, 2009]. Die globalen Regulatoren des LEE scheinen zudem auch die Expression von Typ III Effektoren beeinflussen zu können, die außerhalb des LEE kodiert sind. Zum Beispiel konnte in EHEC O157:H7 bereits eine Abhängigkeit des Effektors NleA von Regulator Ler gezeigt werden [Roe *et al.*, 2007]. Des Weiteren wurde im Mauspathogen *C. rodentium* ein Einfluss der Regulatoren Ler und GrlA auf den Effektor NleH nachgewiesen [Garcia-Angulo *et al.*, 2008].

Die Genexpression des LEE wird außerdem durch eine Vielzahl von außerhalb der Pathogenitätsinsel kodierten Regulatoren beeinflusst. Beispielsweise fungiert der Regulator Hha, vermutlich durch Interaktion mit H-NS, ebenfalls als Repressor der *ler*-Expression [Sharma und Zuerner, 2004; Madrid *et al.*, 2007]. Positiv beeinflusst wird die Expression von LEE-Genen dagegen durch den „Integration Host Faktor" IHF, der die Transkription von *ler* durch Bindung an die Promotorregion aktiviert [Friedberg *et al.*, 1999]. Der „Quorum Sensing *E. coli* Regulator A" QseA bewirkt auf transkriptionaler Ebene ebenfalls eine Aktivierung von *ler* sowie des *grlRA* Operons in Antwort auf eine umweltbedingte Stimulation durch das AI-3 System [Russel *et al.*,

2007; Sharp und Sperandio, 2007]. Auch für Regulatoren, die durch horizontalen Gentransfer erworben wurden, konnte ein positiver regulatorischer Effekt auf die Genexpression des LEE gezeigt werden. Ein Beispiel hierfür sind die Pch-Regulatoren, deren kodierende Sequenzen auf phagenassoziierten Elementen lokalisiert sind und die Homologe des plasmidkodierten Regulators PerC in EPEC darstellen [Iyoda und Watanabe, 2004]. Aufgrund von Sequenzunterschieden können die *pch*-Gene in drei verschiedene Gruppen eingeteilt werden. Die erste Gruppe wird durch die nahezu identischen Genvarianten *pchA*, *pchB* und *pchC* gebildet, die sich nur in ein oder zwei abweichenden Nukleotiden unterscheiden. Die etwas kleineren *pchD* und *pchE*-Gene stellen die zweite Gruppe dar. Eine spätere Studie ergab die Existenz von zwei weiteren *perC*-homologen Genen, die als *pchX* und *pchY* bezeichnet wurden und damit die dritte Gruppe bilden [Yang et al., 2009]. Ein Einfluss auf die Expression des LEE konnte jedoch nur für die PchABC-Regulatoren nachgewiesen werden [Iyoda und Watanabe, 2004]. Die ebenfalls durch den horizontalen Austausch von DNA erworbenen Regulatoren EtrA und EivF üben im Gegensatz dazu einen negativ-regulatorischen Effekt auf die LEE-Gene aus [Zhang et al., 2004]. Die Gene für beide Regulatoren sind auf dem kryptischen *E. coli* Typ III Sekretionssystem 2-Gencluster (ETT2) lokalisiert. Dieses Gencluster ist ungeachtet der Pathogenität im Genom der meisten *E. coli* Stämme vertreten, und kodiert die Komponenten eines zweiten, jedoch funktionsunfähigen Typ III Sekretionssystems [Ren et al., 2004]. Trotz allem wurde für EtrA und EivF ein negativer Einfluss auf die LEE-Expression und die Sekretion von Effektorproteinen beschrieben, wobei der stärkere Effekt für den Regulator EtrA beobachtet wurde [Zhang et al., 2004].

Auch die in Abschnitt 1.2 beschriebenen Stressantwort-Systeme der Bakterien können eine wichtige Rolle in der Regulation des LEE spielen. So konnte beispielsweise gezeigt werden, dass der alternative Sigmafaktor RpoS an der Aktivierung der Genexpression des LEE beteiligt ist [Laaberki et al., 2006; Dong et al., 2009]. Des Weiteren konnte nachgewiesen werden, dass die Expression der beiden LEE-Regulatoren Ler und Pch durch Komponenten des Stringent Response Systems aktiviert wird [Nakanishi et al., 2006]. Außerdem wird eine Korrelation der SOS-Antwort und der Induktion der LEE-Genexpression vermutet, wobei jedoch noch unklar ist, auf welcher Ebene der Regulationskaskade der Zusammenhang besteht [Tree et al., 2009].

1.3.4 Nicht LEE-kodierte Effektorproteine

Zusätzlich zu den bereits beschriebenen LEE-kodierten Effektoren konnte eine Vielzahl von außerhalb des LEE kodierten Effektorproteinen identifiziert werden, die ebenfalls über das TTSS sekretiert werden. Deng et al. [2004] beschrieben beispielsweise im Mauspathogen C. rodentium die Präsenz von sieben nicht-LEE kodierten Effektoren, die dementsprechend als „Non-LEE encoded Effector" (Nle) A-G bezeichnet wurden. Mit Hilfe bioinformatischer Studien und Datenbankvergleichen konnten für den EHEC Stamm RIMD 0509952 zudem 60 putative Effektorgene identifiziert werden, von denen 39 experimentell als TTSS-Effektoren bestätigt und in mehr als 20 verschiedene Familien eingeteilt werden konnten [Tobe et al., 2006]. In dieser Studie konnte außerdem gezeigt werden, dass der Großteil der neu identifizierten Effektorgene in den Genomen lamdoider Prophagen lokalisiert ist.

Dies gilt auch für den von Marchès et al. [2003] in STEC und EPEC charakterisierten „Cycle inhibiting Factor" Cif. Nach der Translokation in die Wirtszelle arretiert dieser Effektor den eukaryotischen Zellzyklus in der G_1- und G_2-Phase und ist zudem an der Aktin-bedingten Umordnung des Zytoskeletts beteiligt [Marchès et al. 2003]. Außerdem konnte gezeigt werden, dass Cif in EPEC für die Induktion der verspäteten Apoptose in Epithelzellen verantwortlich ist [Samba-Luaka et al., 2009]. Ein weiterer Effektor ist das „Tir Cytoskeleton coupling Protein" TccP, wegen seiner großen Sequenzähnlichkeit zu dem EspF-Protein des Translokationsapparates auch EspF$_U$ genannt [Campellone et al., 2004; Garmendia et al., 2004]. TccP/EspF$_U$ ist in dem E. coli Stamm EDL933 auf dem kryptischen Phagen CP933U kodiert und führt in der Wirtszelle unter Komplexbildung mit dem „neuronalen Wiskott-Aldrich-Syndrom Protein" (N-WASP) und dem LEE-kodierten Effektor Tir zu Aktinpolymerisierung und Zytoskelettveränderungen. Verschiedene Studien konnten inzwischen zeigen, dass die Bildung dieses Komplexes durch die direkte Bindung der zwei eukaryotischen Proteine IRSp53 und IRTKS an Tir und EspF$_U$ vermittelt wird [Vingadassalom et al., 2009; Weiss et al., 2009].

Weniger ist über den nicht-LEE kodierten Effektor EspJ bekannt, der eine Rolle in der Infektionsdynamik zu spielen scheint [Dahan et al., 2005]. Es konnte gezeigt werden, dass EspJ im Wirt die Phagozytose durch Makrophagen verhindern kann [Marchès et al., 2008] und für eine noch unbekannte Funktion in die Mitochondrien transportiert wird [Kurushima et al., 2010].

Das Effektorprotein EspL2 gehört zu einer neueren Klasse von Typ III Effektoren, die an der Modulation des eukaryotischen Zytoskeletts beteiligt sind [Tobe et al., 2006]. Zudem führt EspL2 durch Interaktion mit dem aktinassoziierten Protein Annexin 2 zur Ausbildung von Filopodien und zu einer dichteren Mikrokolonisierung [Tobe, 2010].

Des Weiteren wurden in STEC die Typ III Effektoren NleA-H beschrieben [Roe et al., 2007; Hemrajani et al., 2008], wobei NleA das am besten charakterisierte Effektorprotein darstellt und im folgenden Abschnitt genauer beschrieben wird. Über die restlichen Nle-Proteine ist bislang weniger bekannt. NleB und NleE scheinen, zumindest in EPEC, die beiden Entzündungsmediatoren NF-κB und TNF-α zu inhibieren [Newton et al., 2010]. Dem Effektor NleF wird eine Rolle in der Kolonisierung des Intestinaltraktes zugeschrieben [Echtenkamp et al., 2008] und für die große NleG-Familie konnte eine Homologie zu der eukaryotischen E3 Ubiquitin-Ligase demonstriert werden [Wu et al., 2010]. Der Effektor NleH scheint im Gegensatz zu NleB und NleE im Wirt eine Aktivierung der Entzündungsmediatoren zu bewirken, weshalb vermutet wird, dass die Bakterien dadurch in der Lage sind, die lokale Entzündungsreaktion auf einer für sie vorteilhaften Ebene zu erhalten [Hemrajani et al., 2008].

1.3.4.1 „Non-LEE encoded Effector" NleA

Der außerhalb des LEE-kodierte Effektor NleA, auch als EspI bezeichnet, ist ein weit verbreiteter Virulenzfaktor unter den pathogenen E. coli Stämmen [Gruenheid et al., 2004; Mundy et al., 2004a]. Durch eine Studie von Creuzburg und Schmidt [2007] konnte gezeigt werden, dass von insgesamt 170 untersuchten EHEC und EPEC Stämmen 150 Stämme Varianten des nleA-Gens enthielten. Außerdem konnten in dieser Studie 11 neue nleA-Varianten identifiziert werden, die daher als nleA1-11 bezeichnet wurden. Die weiteren bislang bekannten Varianten stellen nleA/espI in C. rodentium [Mundy et al., 2004b], Z6024 in E. coli Stamm EDL933 [Perna et al.,

2001], $nleA_{4795}$ in E. coli Stamm 4795/97 und das espI-ähnliche Gen in E. coli Stamm E22 dar [Marchès et al., 2003].

Im Mauspathogen C. rodentium ist der Typ III Effektor NleA für einen deutlich schwereren Krankheitsverlauf verantwortlich [Mundy et al., 2004b]. Zudem konnte bereits gezeigt werden, dass NleA nach der Übertragung in die Wirtszelle am Golgi-Apparat lokalisiert ist [Gruenheid et al. 2004; Creuzburg et al., 2005]. Kim et al. [2007] demonstrierten in EHEC und EPEC, dass NleA den vesikulären Proteintransport zwischen endoplasmatischem Reticulum (ER) und Golgi-Apparat sowie die Proteinsekretion um bis zu 50% vermindert. Dabei bindet $NleA_{4795}$ an die Sec24-Untereinheit des Sec23/Sec24-Komplexes, einer Komponente des COPII-Proteinmantels. Der COPII-Proteinkomplex spielt eine wichtige Rolle im anterograden Proteintransport und bildet normalerweise die Ummantelung der am ER entstehenden Vesikel, die für den Transport von Membranproteinen oder zur Sekretion bestimmten Proteine gebildet werden. In einer später durchgeführten Studie an EPEC konnte außerdem gezeigt werden, dass NleA zusammen mit den LEE-kodierten Effektoren EspF und Map an der Zerstörung von Tight Junctions beteiligt ist und die intestinale Schrankenfunktion beeinträchtigen kann. Dabei wird vermutet, dass der NleA-vermittelte Effekt auf die Tight Junctions mit der Beeinträchtigung des Proteintransports zusammenhängt [Thanabalasuriar et al., 2010]. Auch wenn die genauen Zusammenhänge noch geklärt werden müssen, nimmt NleA durch diese Auswirkungen bereits eine wichtige Stellung in der Virulenz von Shiga Toxin-produzierenden E. coli ein.

Die nleA-Variante $nleA_{4795}$ wurde während der Charakterisierung des Stx1-konvertierenden Bakteriophagen BP-4795 des E. coli Stammes 4795/97 O84:H4 entdeckt [Creuzburg et al., 2005]. Dieser Stamm wurde aus einem Diarrhoe-Patienten isoliert und erregte das Interesse der Arbeitsgruppe wegen der seltenen ζ-Variante des Intimin-kodierenden eae-Gens. Bei der Bestimmung der Nukleotidsequenz des Bakteriophagen BP-4795 wurde das $nleA_{4795}$-Gen entdeckt, welche als sogenanntes Moron am Ende der späten Phagenregion, in ORF 83, direkt stromabwärts des IS629 Elements kodiert ist (siehe Abbildung 1.2). Auf Aminosäureebene weist $NleA_{4795}$ eine 86%ige Homologie zu dem Protein Z6024 in E. coli Stamm EDL933, eine 77%ige zu NleA/EspI in C. rodentium DBS100, und eine

71% Homologie zu dem EspI-ähnlichen Protein in *E. coli* Stamm E22 auf. Interessanterweise ist NleA$_{4795}$ jedoch der erste beschriebene Typ III Effektor, bei dem die kodierende Sequenz zusammen mit einem *stx*-Gen auf einem intakten Prophagen lokalisiert ist [Creuzburg *et al.*, 2005].

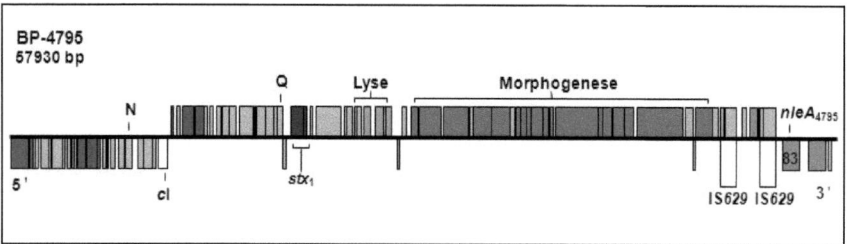

Abbildung 1.2: Genetische Struktur des Bakteriophagen BP-4794, modifiziert nach Creuzburg *et al.*, [2005]. Die kodierten Gene sind durch Boxen oberhalb der schwarzen Linie markiert, während die Boxen unterhalb der Linie Gene bezeichnen, die durch den Komplementärstrang kodiert werden. Wichtige Genregionen und regulatorische Elemente sind in der Abbildung farbig gekennzeichnet.

2 Zielsetzung

Die Ausbildung von Typ III Sekretionssystemen stellt einen wichtigen Faktor für die Virulenz von Shiga Toxin-produzierenden *E. coli* dar. Die Bakterien sind in der Lage, mit Hilfe dieses Sekretionsapparates Effektorproteine direkt in das Zytoplasma der Wirtszellen zu injizieren und können dort charakteristische „Attaching und Effacing"-Läsionen auslösen. Die Komponenten des Typ III Sekretionssystems sowie einige der sekretierten Effektoren sind auf der Pathogenitätsinsel LEE kodiert. Ein weit größerer Teil der Effektorproteine ist jedoch außerhalb des LEE in den Genomen von Prophagen oder auf phagenassoziierten Elementen kodiert, weswegen insbesondere auf diesem Bereich ein erhöhter Forschungsbedarf besteht.

Das zentrale Thema dieser Arbeit war es, die Expression des nicht-LEE kodierten Typ III Effektors NleA$_{4795}$ des *E. coli* O84:H4 Stammes 4795/97 zu untersuchen und zu charakterisieren. Dabei sollte zum einen die Expression des auf dem induzierbaren Bakteriophagen BP-4795 lokalisierten *nleA*$_{4795}$-Gens unter verschiedenen umweltbedingten Stressfaktoren untersucht werden. Zum anderen sollte eine Übersicht über die Regulation der Genexpression von *nleA*$_{4795}$ gewonnen werden, wobei ein besonderes Augenmerk auf die Abhängigkeit der *nleA*$_{4795}$-Expression von den Regulationskreisläufen des LEE gelegt wurde. Eine weitere Aufgabe war es, den Einfluss von außerhalb der Pathogenitätsinsel kodierten Regulatoren zu überprüfen.

Die Charakterisierung der *nleA*$_{4795}$-Expression erfolgte mit Hilfe eines Reportersystems, bei dem der komplette Leserahmen von *nleA*$_{4795}$ durch ein Luciferase-Reportergen ausgetauscht wurde. Hiermit sollten die Auswirkungen verschiedener Umweltbedingungen getestet werden und durch weitere Deletionen, in Genen kodierend für potentielle Regulatoren, der Einfluss auf die Expression von *nleA*$_{4795}$ analysiert werden. Die Erkenntnisse der Reportergen-Assays sollten nachfolgend durch die quantitative Real-Time PCR bestätigt werden. Ein weiteres Ziel war es, die wichtigsten der ermittelten Regulatorproteine mit Hilfe von Electrophoretic Mobility Shift Assays (EMSA) auf eine direkte Bindung an die Promotorregion von *nleA*$_{4795}$ zu untersuchen.

3 Material und Methoden

3.1 Material

3.1.1 Enzyme und Desoxynucleotidtriphosphate

Restriktionsenzyme	Fermentas
DF Taq-Polymerase	Genaxxon Bioscience
Exonuklease I	Fermentas
Shrimp Alkaline Phosphatase (SAP)	Fermentas
T4 DNA Ligase	Fermentas
Desoxyribonuclease (DNase)	Qiagen
Superscript® II Reverse Transkriptase	Invitrogen

3.1.2 Größenstandards

DNA:

GeneRuler™ 1 kb DNA Ladder (250-10000 bp)	Fermentas
Lambda Mix Marker, 19 (1503-48502 bp)	Fermentas

RNA:

RiboRuler™ High Range RNA Ladder	Fermentas

Protein:

PageRuler™ Unstained Protein Ladder	Fermentas

Material und Methoden

3.1.3 Antibiotika

Die Stammlösungen von Ampicillin (Roth) und Kanamycin (Sigma) wurden in sterilem H_2O (UltraPure™ DNase/RNase.free Destilled Water, Invitrogen), die Stammlösung für Norfloxacin (ICN Biomedicals) in 100% Essigsäure (Eisessig) hergestellt.

Tabelle 3.1: verwendete Antibiotika und deren Konzentrationen.

Antibiotikum	Stammlösung	Endkonzentration
Ampicillin	100 mg/ml	100 µg/ml
Kanamycin	50 mg/ml	500 µg/ml
Norfloxacin	10 mg/ml	200, 250 und 400 ng/ml

3.1.4 Nährmedien und Puffer

Die verwendeten Chemikalien wurden von den Firmen Bio-Rad, Biozym, Merck, Roth und Sigma-Aldrich bezogen. Medien, Puffer und Lösungen wurden in deionisiertem Wasser angesetzt. Für Arbeiten mit DNA oder Proteinen wurde sterilisiertes hochreines Wasser eines Wasseraufreinigungssystems (Synergy UV, Millipore) oder steriles DNase- und RNase-freies Wasser (UltraPure™ DNase/RNase-free Destilled Water, Invitrogen) genutzt.

Luria- Bertani-Medium (LB-Medium):	1% (w/v) Bacto™Trypton, 0,5% (w/v) Hefeextrakt und 1% (w/v) NaCl wurden mit 4 M NaOH auf pH 7,5 eingestellt und autoklaviert. Zur Herstellung von LB-Agar wurde vor dem Autoklavieren 1,5% Agar zugegeben.

Material und Methoden

Modifiziertes LB-Medium:	Für Versuche mit verschiedenen Salzkonzentrationen wurde modifiziertes LB-Medium mit NaCl-Konzentrationen zwischen 0,1% und 0,4% NaCl hergestellt oder NaCl durch identische Molaritäten an KCl, und $MgSO_4$. Zur Untersuchung der Osmolarität wurde NaCl durch Saccharose ersetzt. Für Versuche mit reduziertem Nährstoffgehalt wurde LB-Medium 1:2 bzw. 1:5 in sterilem H_2O verdünnt.
SCEM (Simulated-Colonic-Environment Medium):	0,62% (w/v) Bacto™Trypton, 0,26% (w/v) Glukose, 15,1 mM NaCl, 3,2 mM K_2HPO_4, 20,2 mM $NaHCO_3$, 27 mM $KHCO_3$ und 0,4% Gallensalze wurden mit 4 M NaOH auf pH 7,0 eingestellt und autoklaviert. Nach Beumer et. al. [2008].
5 x M9-Salze:	6,4% (w/v) Na_2HPO_4 x 7 H_2O, 1,5% (w/v) KH_2PO_4, 0,5% (w/v) NH_4Cl und 0,25% (w/v) NaCl wurden gemischt und autoklaviert.
Modifiziertes M9-Minimalmedium:	20% (v/v) 5 x M9-Salze, 0,4% Glukose (w/v), 0,1% (w/v) Casaminosäuren, 44 mM $NaHCO_3$ und 2 mM $MgSO_4$ wurden gemischt und autoklaviert. Nach Sambrook et. al. [1998], modifiziert durch Creuzburg et. al. [2005].
SOC-Medium (Super Optimal Broth ergänzt mit Glukose):	2% (w/v) Bacto™Trypton, 0,5% (w/v) Hefeextrakt, 10,0 mM NaCl, und 2,5 mM KCl wurden mit 4 M NaOH auf pH 7,0 eingestellt und autoklaviert. Anschließend wurden 5 mM $MgCl_2$ und 5 mM $MgSO_4$ und 20 mM Glukose sterilfiltriert zugegeben.
50 x TAE-Puffer (Tris-Acetat-EDTA-Puffer):	2 M Tris-HCl, 0,1 M EDTA (pH 8,0) und 5,71% (v/v) Eisessig wurden gemischt und autoklaviert.
Ladepuffer:	70% (v/v) Glycerin, 0,2% (w/v) Bromphenolblau, 0,02% (w/v) Xylencyanol, 0,1% (w/v) SDS und 25 mM EDTA (pH 7,5) wurden gemischt.

Material und Methoden

10 x MOPS (3-N-Morpholino-Propan-Sulfonsäure):	0,2 M MOPS, 50 mM Natriumacetat und 10 mM Na_2EDTA wurden mit 4 M NaOH auf pH 7,0 eingestellt, über Nacht mit DMPC behandelt und autoklaviert.
PBS:	170 mM NaCl, 3,3 mM KCl, 1,8 mM KH_2PO_4 und 13 mM Na_2HPO_4 wurden gemischt und autoklaviert.
10-fach konzentrierter Laufpuffer für die SDS-PAGE:	250 mM Tris Base, 1,92 M Glycin und 10% (w/v) SDS wurden gemischt und autoklaviert [Laemmli, 1970].
3-fach konzentrierter Probenpuffer für die SDS-PAGE:	30% (v/v) Glycerin, 6% (w/v) SDS und 0,4 M Tris Base (pH 6,8) wurden mit 0,05 % (w/v) Bromphenolblau gemischt.

3.1.5 Puffer für die Arbeiten mit Proteinen

Die Puffer A, B, C und E wurden entsprechend den Angaben des „Ni-NTA Spin Kit Handbook" von Qiagen hergestellt.

Puffer A	6 M Guanidinhydrochlorid, 0,1 M NaH_2PO_4 und 0,01 M Tris pure wurden auf pH 8,0 eingestellt und sterilfiltriert.
Puffer B	8 M Harnstoff, 0,1 M NaH_2PO_4, 0,01 M Tris pure und 10 mM Imidazol wurden auf pH 8,0 eingestellt und sterilfiltriert.
Puffer C	8 M Harnstoff, 0,1 M NaH_2PO_4, 0,01 M Tris pure und 20 mM Imidazol wurden auf pH 6,3 eingestellt und sterilfiltriert.
Puffer E	8 M Harnstoff, 0,1 M NaH_2PO_4 und 0,01 M Tris pure wurden auf pH 4,5 eingestellt und sterilfiltriert.

Material und Methoden

Dialysepuffer	30 mM Tris-HCl (pH7,5), 10 mM MgCl$_2$, 20% (v/v) Glycerin, 240 mM NaCl, 0,1% (v/v) Triton X-100, und 3 mM EDTA wurden entweder mit 4 M, 1 M, 0,2 M Harnstoff oder ohne Zusatz von Harnstoff gemischt, auf pH 7,5 eingestellt und sterilfiltriert [Barba *et al.*, 2005].
5 x Protein/DNA-Bindepuffer 1:	5 mM Tris-HCL (pH 7,5), 0,5 mM EDTA, 2,5 mM DTT, 2,5% (v/v) Glycerin, 5 mM NaCl und 0,5 mM MgCl$_2$ wurden gemischt und sterilfiltriert [Tschowri *et al.*, 2009].
5 x Protein/DNA-Bindepuffer 4:	58,5 mM Tris-HCl (pH 7,5), 4,875 mM EDTA, 390 mM NaCl, 4,875 mM DTT, 30% (v/v) Glycerin und 48,75 mM β-Mecaptoethanol wurden gemischt und sterilfiltriert [Barba *et al.*, 2005].

3.1.6 Oligonukleotide

Die in der Arbeit verwendeten Oligonukleotide und PCR-Bedingungen sind in den Tabelle A1-A6 im Anhang aufgeführt. Die vom Hersteller (Eurofins MWG Operon) als Lyophilisat gelieferten Oligonukleotide wurden in sterilem DNase und RNase freien Wasser aufgenommen und auf eine Endkonzentration von 100 pmol/μl gebracht. Ausgehend von dieser Stammlösung wurden Arbeitslösungen mit 30 pmol/μl für die PCR und 10 pmol/μl für Sequenzierungen hergestellt. Für die c-DNA-Synthese durch reverse Transkription wurden Random Primers (3 μg/μl, Invitrogen) verwendet.

Material und Methoden

3.1.7 Verwendete Bakterienstämme

Die verwendeten und generierten *E. coli* Stämme sind mit ihren geno- und phänotypischen Eigenschaften in Tabelle 3.2 beschrieben. Der *E. coli* Stamm BL2(DE3) sowie der in der folgenden Tabelle 3.3 (Abschnitt 3.1.8) aufgelistete Vektor pET-22b(+) wurden freundlicherweise von Prof. Dr. Andreas Kuhn (Institut für Mikrobiologie, Universität Hohenheim) zur Verfügung gestellt. Zusätzlich zu den aufgelisteten *E. coli* Stämmen wurde die von der „Deutschen Sammlung von Mikroorganismen und Zellkulturen" (DSMZ) bezogene Spezies *Vibrio fischeri* (DSMZ-Nr. DSM 7151) verwendet.

Tabelle 3.2: In dieser Arbeit konstruierte und verwendete *E. coli* Stämme.

Stamm	Beschreibung	Referenz
C600	*supE*44, *hsdR*, *thi*-1, *thr*-1, *leuB*6, *lacY*1, *tonA*21	[Appleyard, 1954]
DH5α™	*supE*44, Δ*lacU*169, *hsdR*17, *recA*1, *endA*1, *gyrA*96, *thi*-1, *relA*1	Invitrogen
BL21(DE3)	F⁻ *ompT hsd*SB(r_B^-, m_B^-) *gal dcm* (DE3)	[Studier *et al.*, 1986]
4795/97	O84:H4, *stx*$_1^+$, *nleA*⁺, *eae*-ζ⁺	[Zhang *et al.*, 2002]
MS-10	Stamm 4795/97 Δ*nleA*::*luc*	diese Arbeit
MS-11	Stamm 4795/97 Δ*nleA*::*luc*, Δ*ler*	diese Arbeit
MS-12	Stamm 4795/97 Δ*nleA*::*luc*, Δ*grlA*	diese Arbeit
MS-13	Stamm 4795/97 Δ*nleA*::*luc*, Δ*pchA*	diese Arbeit
MS-14	Stamm 4795/97 Δ*nleA*::*luc*, Δ*grlR*	diese Arbeit
MS-15	Stamm 4795/97 Δ*nleA*::*luc*, Δ*etrA*	diese Arbeit
MS-16	Stamm 4795/97 Δ*nleA*::*luc*, Δ*luxS*	diese Arbeit
MS-1112	Stamm 4795/97 Δ*nleA*::*luc*, Δ*ler*, Δ*grlA*	diese Arbeit
MS-1313	Stamm 4795/97 Δ*nleA*::*luc*, Δ*pchA*, Δ*pch*	diese Arbeit
MS-11/pCM1	Stamm 4795/97 Δ*nleA*::*luc* Δ*ler* komplementiert mit pCM1	diese Arbeit

Fortsetzung **Tabelle 3.2:**

MS-12/pCM2	Stamm 4795/97 Δ*nleA::luc* Δ*grlA* komplementiert mit pCM2	diese Arbeit
MS-13/pCM3	Stamm 4795/97 Δ*nleA::luc* Δ*pchA* komplementiert mit pCM3	diese Arbeit
MS-21	Stamm 4795/97, Δ*ler*	diese Arbeit
MS-22	Stamm 4795/97, Δ*grlA*	diese Arbeit
MS-23	Stamm 4795/97, Δ*pchA*	diese Arbeit
MS-2323	Stamm 4795/97, Δ*pchA*, Δ*pchA*	diese Arbeit
MS-21/pCM1	Stamm 4795/97, Δ*ler* komplementiert mit pCM1	diese Arbeit
MS-22/pCM2	Stamm 4795/97, Δ*grlA* komplementiert mit pCM2	diese Arbeit
MS-23/pCM3	Stamm 4795/97, Δ*pchA* komplementiert mit pCM3	diese Arbeit
EDL933	O157:H7, *stx*1, *stx*2, *eae*-γ	[O'Brien *et al.*, 1984]
MS-36	Stamm EDL933, *luxS*	diese Arbeit

3.1.8 Plasmide

Die in dieser Arbeit verwendeten und neu konstruierten Plasmide sind in Tabelle 3.3 dargestellt.

Tabelle 3.3: In dieser Arbeit verwendete Plasmide.

Plasmid	Beschreibung	Referenz
P3121	Luciferase (*luc*) Templatevektor, *aph*-Kassette, Amp^R, Kan^R	[Gerlach *et al*., 2007]
pKD4	*aph*-Kassette, Amp^R, Kan^R	[Datsenko und Wanner, 2000]
pKD46	Arabinose-induzierbares Red-Rekombinase System, temperatursensitiv, Amp^R	[Datsenko und Wanner, 2000]
pCP20	FLP-Rekombinase, temperatursensitiv, Amp^R, Cam^R	[Datsenko und Wanner, 2000]
pWSK29	Klonierungsvektor, geringe Kopienzahl, Amp^R	[Wang und Kushner, 1991]
pCM1	*ler* unter eigenem Promotor in pWSK29, Amp^R	diese Arbeit
pCM2	*grlA* unter eigenem Promotor in pWSK29, Amp^R	diese Arbeit
pCM3	*pchA* unter eigenem Promotor in pWSK29, Amp^R	diese Arbeit
pET-22b(+)	His$_6$-Tag Fusionsvektor (C-terminal), T7-Promotor, hohe Kopienzahl, Amp^R	Novagen
pET-*ler*-his	His$_6$-markiertes *ler* in pET-22b(+), Amp^R	diese Arbeit
pET-*grlA*-his	His$_6$-markiertes *grlA* in pET-22b(+), Amp^R	diese Arbeit
pET-*pchA*-his	His$_6$-markiertes *pchA* in pET-22b(+), Amp^R	diese Arbeit
pK18	Klonierungsvektor, hohe Kopienzahl, Kan^R	[Pridmore, 1987]
pK18-*rrsB*	*rrsB* exprimiert in pK18, Kan^R	Slanec, 2007, unveröffentlicht
pK18-*gapA*	*gapA* exprimiert in pK18, Kan^R	Slanec, 2007, unveröffentlicht
pK18-*nleA*	*nleA* exprimiert in pK18, Kan^R	diese Arbeit

Material und Methoden

3.2 Methoden

3.2.1 Kultivierung und Lagerung von Bakterien

Alle Arbeiten mit Bakterienkulturen wurden unter sterilen Bedingungen an einer Werkbank (Nuaire, Class II) der Firma Integra Biosciences durchgeführt. Die Inkubation der Bakterienkulturen erfolgte unter Standardbedingungen in LB-Medium bei 37 °C und 180 rpm auf einem Schüttelinkubator (KS 4000i control, IKA®). Bei Bedarf wurden entsprechende Mengen eines Antibiotikums zugegeben (Tabelle 3.1) Wenn für den Versuch erforderlich, wurden anstelle von LB-Medium entsprechende Testmedien verwendet. Zur Herstellung von Übernachtkulturen wurde je eine Bakterienkolonie in 10 ml LB-Medium angeimpft und unter Standardbedingungen inkubiert. Für die kurzzeitige Aufbewahrung der Bakterienstämme wurden fraktionierte Ausstriche auf LB-Agar-Platten angefertigt und im Kühlschrank gelagert. Die längerfristige Lagerung erfolgte in Form von Glycerinkonserven. Dazu wurde das Bakterienmaterial eines frisch überimpften fraktionierten Ausstriches in 400 µl PBS resuspendiert und zusammen mit 600 µl 80%igem Glycerin bei -80 °C tiefgefroren.

3.2.2 Bestimmung der Konzentration von Nukleinsäuren

Die Qualität und Quantität von Nukleinsäuren wurde durch photometrische Messung in einer Quarzküvette bei 260 und 280 nm bestimmt (GeneQuant™ pro oder Ultropec™ 3100 pro, Amersham Biosciences). Der Quotient von 260/280 nm gibt dabei Aufschluss über die Reinheit der jeweiligen Nukleinsäure und sollte für DNA bei annähernd 1,8 und für RNA bei 2,0 liegen [Maniatis et al., 1982]. Die Konzentrationsbestimmung erfolgte unter Einbeziehung spezifischer Faktoren, wobei ein OD_{260}-Wert von 1,0 einer Menge von 50 µg/ml DNA und 40 µg/ml RNA entsprach. Die Konzentration von einzelsträngiger cDNA erfolgte unter Einbeziehung des Faktors 37.

3.2.3 Molekulargenetische Arbeitsmethoden

3.2.3.1 Polymerase-Kettenreaktion (PCR)

Soweit nicht anders angegeben, wurden DNA-Amplifikationen mittels PCR in einem Gesamtvolumen von 25 µl durchgeführt. Dabei wurden für jeden Ansatz 0,2 mM dNTPs, 0,6 µM jedes Oligonukleotides, 2,5 µl PCR-Puffer (10 x PCR Buffer S + 15 mM $MgCl_2$, Genaxxon Biosciences) und eine Unit Taq-Polymerase (DF-Taq-Polymerase, Genaxxon Biosciences) mit sterilem H_2O auf das Endvolumen von 22,5 µl gebracht. Als Matrizen-DNA dienten entweder 2,5 µl einer Bakteriensuspension (1 Kolonie eingerieben in 50 µl 0,9% NaCl) oder 2,5 µl aufgereinigte Plasmid-DNA. Alle PCR-Experimente wurden in einem Thermocycler der Firma Biometra (T1 Thermal Cycler) durchgeführt. Nach einem initialen Denaturierungsschritt für 5 min bei 94 °C folgten je nach Versuch zwischen 25 und 35 Zyklen, bestehend aus 30 s Denaturierung bei 94 °C, einem einminütigen Annealingschritt und der Elongation bei 72 °C. Beendet wurde die PCR mit einem abschließenden Elongationsschritt für 5 min bei 72 °C. Die jeweiligen Annealingtemperaturen und Elongationszeiten der Zyklen sind zusammen mit den entsprechenden Oligonukleotiden in den Tabellen A1–A5 aufgeführt. Zur Überprüfung der PCR-Produkte wurden je 5 µl zusammen mit 5 µl Ladepuffer und 5 µl sterilem H_2O auf ein 1%iges Agarosegel aufgetragen und durch Anlegen einer Spannung von 130 V in 1 x TAE-Puffer elektrophoretisch aufgetrennt. Anschließend wurde das Agarosegel für 30 min in einem Ethidiumbromidbad (10 mg/ml) gefärbt und die DNA-Banden mittels UV-Licht (AlphaImager®, Biozym) sichtbar gemacht.

3.2.3.2 Präparation von Plasmiden

Die Plasmidpräparation erfolgte mit Hilfe eines „Plasmid Mini Kit" der Firma Qiagen nach Angaben des Herstellers. Für die Präparation von Plasmiden mit niedriger Kopienzahl wurden 10 ml, für die von Plasmiden mit hoher Kopienzahl 2 ml einer Übernachtkultur verwendet. Die Plasmid-DNA wurde mit 40 µl hochreinem H_2O eluiert und bei -20 °C aufbewahrt.

Material und Methoden

3.2.3.3 Restriktion und Ligation von DNA

Für die hydrolytische Spaltung von Plasmiden und DNA-Fragmenten wurden Restriktionsenzyme der Firma Fermentas verwendet. DNA-Fragmente wurden dazu nach der PCR mit einem „Qiaquick PCR Purification Kit" der Firma Qiagen nach Anleitung des Herstellers aufgereinigt. Für jeden Restriktionsansatz wurden 160-200 ng DNA sowie 5 Units der entsprechenden Enzyme eingesetzt. Die Hydrolyse der DNA und die Inaktivierung der Enzyme erfolgten, soweit nicht anders angegeben, unter den vom Hersteller angegebenen Bedingungen.

Die Ligation von hydrolysierten DNA-Fragmenten und Plasmid-DNA erfolgte mittels T4 DNA Ligase in einem Gesamtvolumen von 20 µl. Dazu wurden Vektor- und Insert-DNA in einem Verhältnis von 1:4 eingesetzt und mit 5 Weiss Units T4 Ligase, sowie mit 2 µl des zugehörigen 10 x Ligasepuffers gemischt. Die Ansätze wurden für 3 h bei Raumtemperatur inkubiert und das Enzym anschließend für 10 min bei 70°C inaktiviert. Für die nachfolgende Transformation durch Elektroporation mussten die Ligationsansätze mittels Ethanolfällung aufgereinigt werden. Dafür wurde jeder Ansatz mit 1/10 Volumen 3 M Natriumacetat sowie 2,5 Volumen eiskalter, 100%iger Ethanol gemischt und für 30 min auf Eis inkubiert. Die Ansätze wurden 30 min bei 13000 rpm und 4°C zentrifugiert (Biofuge Fresco, Heraeus), der Überstand abgenommen und 200 µl eiskalter, 70%iger Ethanol zugegeben. Nach erneuter Zentrifugation für 10 min bei 13000 rpm und 4°C wurde das Pellet bei 37°C getrocknet und anschließend in 20 µl hochreinem H_2O aufgenommen. Die gereinigten Ligationsansätze wurden umgehend für die Transformation durch Elektroporation eingesetzt.

3.2.3.4 Herstellung elektrokompetenter Zellen und Transformation

Eine Übernachtkultur wurde 1:100 in 50 ml frischem LB-Medium verdünnt und unter Standardbedingungen bis zu einem OD600-Wert von 0,6 inkubiert. Die Bakterienkultur wurde in ein steriles 50 ml Plastikröhrchen überführt (Sarstedt) und für 20 min auf Eis gestellt. Anschließend wurden die Bakterien bei 7000 x g und 4°C für 8 min zentrifugiert (Multifuge 1 S-R, Heraeus) und der Überstand verworfen. Das erhaltene Pellet wurde unter denselben Bedingungen zweimal in eiskaltem, hochreinem H_2O (40 ml und 20 ml) und einmal in eiskaltem, 10%igem Glycerin gewaschen (2 ml) und nach dem letzten Zentrifugationsschritt in 100 µl 10%igem Glycerin aufgenommen. Die elektrokompetenten Zellen wurden entweder bei -80°C gelagert oder direkt zur Elektroporation eingesetzt.

Für jeden Ansatz wurden 40 µl elektrokompetente Zellen mit 40-80 ng Plasmid-DNA oder 20 µl Ligationsansatz gemischt und in vorgekühlte Elektroporationsküvetten (0,2 cm) gegeben. Die Elektroporation erfolgte durch einen elektrischen Impuls von 2.5 kW, 200 Ω und 25µF (Gene Pulser Xcell™, Bio-Rad). Die elektroporierten Zellen wurden umgehend in 1 ml SOC-Medium aufgenommen und für 1,5 h je nach Plasmid bei 30°C oder 37°C und 250 rpm inkubiert (Thermo-Shaker, Kisker). Anschließend wurden 100 µl jedes Ansatzes auf LB-Agar-Platten mit dem entsprechenden Antibiotikum ausplattiert. Zur Erhöhung der Transformationseffizienz wurden die restlichen 900 µl der Ansätze 2 min bei 3500 rpm zentrifugiert (Biofuge Pico, Heraeus), die Überstände dekantiert und die Bakterienpellets im Restmedium resuspendiert. Aus den konzentrierten Ansätzen wurden weitere 100 µl auf antibiotikumhaltigen LB-Agar-Platten ausplattiert und über Nacht bei 30°C oder 37°C bebrütet (Thermo Scientific, Heraeus). Bei Vektoren, die innerhalb ihrer „multiple cloning site" ein *lacZ*-Gen trugen, wurden die Agar-Platten zusätzlich mit IPTG (6 µg/ml) und X-Gal (150 µg/ml) versetzt, um Insert-tragende Klone anhand ihrer Weißfärbung von den Klonen mit religierten Plasmiden (blau) unterscheiden zu können.

3.2.4 Analyse der Genexpression durch ein Luciferase-Reportersystem

3.2.4.1 Reporterfusion und Deletion von chromosomal kodierten Genen

Der Austausch von *nleA*$_{4795}$ mit einem Luciferase-Reportergen (*luc*), sowie alle weiteren Gendeletionen wurden nach der „One-step inactivation"-Methode durchgeführt [Datsenko und Wanner, 2000; Gerlach *et al.*, 2007]. Diese Methode beruht auf dem sequenzspezifischen Austausch von DNA-Fragmenten mit Hilfe des Red-Rekombinase-Systems des Phagen Lambda.

Der zu mutagenisierende *E. coli* Stamm wurde dazu mit dem Helferplasmid pKD46 transformiert. Dieses trägt einen temperatursensitiven Replikationsursprung, sowie die Gene *exo*, *bet* und *gam* des λ Red-Rekombinase-Systems unter einem Arabinose-induzierbaren Promotor. Anschließend wurden, wie in Abschnitt 3.2.3.4 beschrieben, elektrokompetente Zellen des pKD46-tragenden *E. coli* Stammes hergestellt. Wegen der Temperatursensitivität des Plasmids wurden die Kulturen jedoch bei 30°C statt 37°C inkubiert und ein Antibiotikum in entsprechender Konzentration zugegeben. Zudem wurde die Expression des Red-Rekombinase-Systems durch Zugabe von 10 mM Arabinose induziert.

Die für den sequenzspezifischen Austausch benötigten DNA-Fragmente wurden mittels PCR aus den Plasmiden p3121 oder pKD4 generiert. Für die Amplifikation wurden Oligonukleotide verwendet, die jeweils aus 20 Basen komplementär zur Plasmidsequenz und aus 40 Basen komplementär zur Sequenz stromaufwärts bzw. stromabwärts des Zielgens zusammengesetzt waren (Tabelle A1). Das DNA-Fragment für den Austausch von *nleA$_{4795}$* wurde aus dem Plasmid p3121 amplifiziert, welches für das Reportergen *luc* mit nachfolgender *aph*-Kassette (Kanamycinresistenz flankiert von FRT-sites) kodiert. Für alle weiteren Gendeletionen wurde das Plasmid pKD4 als Matrize verwendet, welches die *aph*-Kassette ohne vorgeschaltetes Reportergen trägt. Die erhaltenen PCR-Produkte wurden einem DpnI-Verdau unterzogen, um die methylierte Matrizen-DNA zu entfernen. Im Anschluss daran wurden die Proben mit einem „Qiaquick PCR Purification Kit" der Firma Qiagen aufgereinigt und die DNA-Konzentration photometrisch bestimmt.

Zu je 40 µl der oben hergestellten elektrokompetenten Zellen wurden zwischen 30 und 300 ng des gereinigten DNA-Fragments gegeben und durch Elektroporation in die Zellen gebracht. Die Elektroporationsansätze wurden wie in Abschnitt 3.2.3.4 weiterbehandelt, danach jedoch auf LB-Agar-Platten mit Kanamycin ausplattiert. Gewachsene Kolonien wurden mittels PCR (Oligonukleotide aus Tabelle A2) auf den Rekombinationserfolg überprüft und das temperatursensitive Plasmid pKD46 durch mehrfaches Überimpfen der Rekombinanten bei 37°C entfernt. Im Anschluss daran wurde die Kanamycinresistenz des rekombinanten Stammes durch Transformation des Helferplasmids pCP20 entfernt. Dieses kodiert für eine sogenannte FLP-Rekombinase, welche das *aph*-Gen an den umgebenden FRT–sites (FLP Recognition Target) erkennt und entfernt. Nach erfolgreicher Eliminierung der

Material und Methoden

Kanamycinresistenz wurde das temperatursensitive Plasmid pCP20 ebenfalls durch mehrfaches Überimpfen bei 37°C entfernt. Die resultierenden Fusions- und Deletionsmutanten wurden erneut mittels PCR überprüft und durch DNA-Sequenzierung bestätigt. Dafür wurden die PCR-Produkte zunächst enzymatisch aufgereinigt. Pro Ansatz wurden 5 µl PCR-Produkt mit 2 µl SAP und 0,5 µl Exonuklease I gemischt und für je 15 min bei 37°C und 80°C inkubiert. Alle Sequenzierungen wurden am Institut für Lebensmittelwissenschaft und Biotechnologie, Fachbereich Lebensmittelmikrobiologie, mit Hilfe eines Kapillar-Sequenzers (CEQ^{TM} 8000 Genetic Analysis System, Beckman Coulter) durchgeführt. Die erhaltenen Sequenzen wurden mit dem Softwareprogramm BioEdit [Hall, 1999] ausgewertet.

3.2.4.2 Klonierung von Regulatorgenen für Komplementationsanalysen

In einigen Fällen wurden die oben generierten Deletionsmutanten wieder mit dem entsprechenden Wildtyp-Gen komplementiert. Dazu wurden, ausgehend von Vektor pWSK29, Komplementationsplasmide für die Gene *ler*, *grlA* und *pchA* generiert. Um die Gene unter der Kontrolle ihres eigenen Promotors zu exprimieren, wurden diese, einschließlich der 500 bp stromaufwärts ihres Leserahmens, mittels PCR aus dem STEC Stamm 4795/97 amplifiziert. Mit Hilfe der verwendeten Oligonukleotide wurden (Tabelle A3 im Anhang) Schnittstellen für die Restriktionsenzyme EcoRI und BamHI an die DNA-Fragmente angefügt. Anschließend wurden DNA-Fragmente und Vektor pWSK29, wie in Abschnitt 3.2.3.3 beschrieben, verdaut, ligiert und in den *E. coli* Stamm DH5α^{TM} transformiert. Da *grlA* als zweites Gen auf einem Operon lokalisiert ist, wurden Leserahmen und Promotorregion in zwei getrennten Schritten ligiert und transformiert. Zunächst wurde das *grlA*-Gen mit Hilfe der Restriktionsschnittstellen für EcoRI und BamHI in Vektor pWSK29 kloniert. In einem zweiten Schritt wurden dann der *grlA*-tragende Vekor und die entsprechenden 500 bp der Promotorregion mittels SalI und EcoRI verdaut, ligiert und in den *E. coli* Stamm DH5α^{TM} transformiert. Die generierten Plasmide wurden nach erfolgreicher Bestätigung durch PCR und DNA-Sequenzierung in die entsprechenden Deletionsmutanten transformiert.

3.2.4.3 Messung der Reportergenaktivität

Die Bestimmung der Reportergenaktivität erfolgte mit Hilfe des „Luciferase Assay Systems" der Firma Promega nach Angaben des Herstellers. Dabei katalysiert die in den Reporterstämmen kodierte Firefly Luciferase in einer zweistufigen Oxidationsreaktion die Freisetzung von Energie in Form von Licht im grüngelben Bereich bei 550-570 nm. In einem ersten Schritt wird das Substrat Luciferin durch zugefügtes ATP aktiviert. Im zweiten Schritt reagiert das entstandene Luciferin-Anhydrid in seinem angeregten Zustand mit Sauerstoff unter Bildung eines transienten Dioxetans. Dieses zerfällt anschließend in die Produkte Oxyluciferin und CO_2, wobei chemische Energie in Form von Licht frei wird. Das Enzym Luciferase katalysiert diese Oxidation unter Verwendung der Cofaktoren ATP und Mg^{2+}. Zusätzlich wird im Luciferase Assay System von Promega Coenzym A eingesetzt, um die Lichtintensität zu erhöhen und für über 1 min stabil zu halten.

Zur Messung der Reportergenaktivität wurden Übernachtkulturen der rekombinanten *E. coli* Stämme in 30 ml frischem Medium auf einen OD_{600}-Wert von 0,05 verdünnt. Für Untersuchungen zur Regulation von $nleA_{4795}$ wurde hierfür LB-Medium verwendet, für Versuche zum Einfluss von Umweltbedingungen wurde verdünntes LB-Medium, LB-Medium mit verschiedenen Saccharose- und Salzkonzentrationen, PC-Medium, SCEM oder M9-Minimalmedium verwendet. Wenn erforderlich, wurden dem LB-Medium verschiedene Konzentrationen an Norfloxacin, L-Adrenalin (Sigma) oder AI-1 (N-(3-Oxooctanoyl)-L-Homoserin Lacton, Sigma) zugesetzt. Die angeimpften Bakterienkulturen wurden unter Standardbedingungen inkubiert. Wenn nicht anders angegeben, wurde über einen Zeitraum von 4 h zu jeder Stunde die optische Dichte bei 600 nm (OD_{600}) bestimmt und die Reportergenaktivität gemessen. Dafür wurden je 1 ml der Bakterienkultur für 8 min bei 13000 rpm zentrifugiert. Die Zellpellets wurden in 450 µl „Cell Culture Lysis Reagent" aufgenommen und zur Unterstützung der Lyse bei -82°C (FRYKA Kältetechnik) schockgefroren. Anschließend wurden die Zelllysate für 20 min bei 25°C und 250 rpm in einem Heizblock (Thermo Shaker, Kisker) aufgetaut. Jeweils 50 µl der Lysate wurden in eine weiße Mikrotiterplatte (Lumitrac 600, Greiner) gegeben, mit 50 µl „Luciferase Assay Substrat" versetzt. Die absolute Reportergenaktivität wurde umgehend durch Messung der Lumineszenz als „Relative Light Units" (RLU) in einem Plattenlesegerät (Infinite® 200, Tecan) bestimmt. Für die Messung der Reportergenaktivität wurden von jeder Probe Duplikate eingesetzt. Um die gemessene absolute Reportergenaktivität an die unterschiedliche Zellanzahl der Bakterienkulturen anzugleichen, wurde der Quotient aus den gemessenen RLU und den zugehörigen OD_{600}-Werten gebildet und dadurch die relative Reportergenaktivität ermittelt. In der Regel wurden alle Experimente mindestens dreimal durchgeführt, einzelne Luciferase-Assays, die zur Überprüfung oder Bestätigung einer bestimmten Komponente dienten, wurden bei eindeutigen Resultaten nur einmal durchgeführt.

3.2.5 Nachweis von DNA-bindenden Proteinen

3.2.5.1 Markierung von Proteinen

Die Regulatorproteine Ler, GrlA und PchA wurden durch Anfügen eines C-terminalen, 6-fachen Histidinrestes („His-Tag") markiert. Verwendet wurde für diesen Zweck der Vektor pET-22b(+), welcher einen T7*lac*-Promotor trägt [Studier *et al.*, 1990]. Dabei befindet sich der T7-Promotor (für die RNA-Polymerase des Bakteriophagen T7) stromaufwärts einer *lac* Operator Sequenz. Zusätzlich enthält dieser Vektor den Promotor und die kodierende Sequenz für den *lac* Repressor. In der Regel werden Vektoren wie pET-22b(+) in Expressionsstämme transformiert, die das Gen für die T7-Polymerase unter der Kontrolle eines *lacUV5*-Promotors enthalten. Durch Zugabe von Laktose oder IPTG kann dann der *lac* Repressor entfernt und die Expression der T7-Polymerase gezielt angeschaltet werden. Die gebildete T7-Polymerase wiederum bindet an den T7*lac*-Promotor und induziert die Expression des stromabwärts klonierten Zielgens.

Für die Klonierung in Vektor pET-22b(+) wurden die Zielgene zunächst mittels PCR amplifiziert, und dabei Schnittstellen für die Restriktionsenzyme NdeI und XhoI angehängt. DNA-Fragmente und Vektor wurden verdaut, ligiert und in den *E. coli* Stamm DH5α™ transformiert. Die Markierung von *ler*, *grlA* und *pchA* durch den angehängten Histidinrest wurde durch PCR und DNA-Sequenzierung überprüft. Abschließend wurden die generierten Plasmide in den Expressionsstamm *E. coli* BL21(DE3) transformiert.

3.2.5.2 Expression und Aufreinigung von Proteinen

Für die Kultivierung der im vorherigen Abschnitt generierten Expressionsstämme wurde dem LB-Medium 1% Glukose zugegeben, um eine unerwünschte Grundexpression der markierten Regulatorproteine zu minimieren. Übernachtkulturen wurden 1:60 in frischem Medium verdünnt und unter Standardbedingungen bis zu einem OD_{600}-Wert von annähernd 0,6 inkubiert. Durch Zugabe von 1 mM IPTG wurde dann die Expression der markierten Proteine induziert, als Negativkontrolle dienten Kulturen ohne Zusatz von IPTG. Nach der Induktion wurden die Bakterienkulturen für 4 h bei 30°C und 210 rpm inkubiert, um die Ausbildung von Einschlußkörpern durch eine zu starke Proteinexpression zu vermeiden. Im Anschluss daran erfolgte die Zellernte durch Zentrifugation bei 4000 x g und 4°C für 15 min (Multifuge 1 S-R, Heraeus). Die Zellpellets wurden umgehend bei -20°C eingefroren.

Zur Proteinaufreinigung wurden die gefrorenen Zellpellets zunächst für 15 min bei Raumtemperatur aufgetaut. Anschließend wurde je 1 ml Puffer A zugegeben und die Bakterien bei Raumtemperatur für 1 h und 100 rpm in einem Schüttelinkubator (Infors AG) lysiert. Die Zelllysate wurden bei 10600 rpm und 20°C (Biofuge Fresco, Heraeus) für 20 min zentrifugiert, um die zerstörten Zellen zu pelletieren. Danach erfolgte die Aufreinigung der mit His-Tag markierten Proteine unter denaturierenden Bedingungen mit Hilfe von „Ni-NTA Spin Columns" (Qiagen). Dabei basiert die Proteinaufreinigung auf der selektiven Wechselwirkung von Histidinresten mit den immobilisierten Nickel-Ionen der Ni-NTA (nickel-nitrilotriacetic acid) Matrix. Die Ni-NTA Säulen wurden zunächst mit 600 µl Puffer B beladen und zur Equilibrierung bei 20°C und 2900 rpm für 2 min zentrifugiert (Biofuge Pico, Heraeus). Alle weiteren Zentrifugationen erfolgten ebenfalls bei 20°C. Auf die equilibrierten Säulen wurden je 600 µl der Zelllysat-Überstände gegeben und die markierten Proteine durch Zentrifugation bei 2000 rpm für 3 min an die NI-NTA Matrix gebunden. Anschließend wurden 600 µl von Puffer C auf die Säulen gegeben und für 2 min bei 2900 rpm zentrifugiert. Dieser Waschschritt wurde 5 - 6 mal wiederholt, um unspezifische Bindungen zu entfernen. Abschließend wurden die gebundenen Proteine zweimal mit je 100 µl Puffer E eluiert und bei -20°C aufbewahrt.

Material und Methoden

3.2.5.3 Analyse der Proteinproben

Die Identität der eluierten Proteine wurde mit Hilfe einer SDS-PAGE (Sodium Dodecylsulfate Polyacrylamide-Gelelectrophoresis) und nachfolgender MALDI-TOF (Matrix Assisted Laser Desorption/Ionisation-Time of Flight) Analyse bestätigt. Zur Überprüfung der Proteinexpression wurden auch die oben hergestellten Überstände der Zelllysate in die SDS-PAGE eingesetzt. Um Wechselwirkungen des im Lysepuffer enhaltenen Guanidinhydrochlorids mit SDS zu vermeiden, wurden diese Proben 1:6 in Puffer E verdünnt. Die Durchführung der SDS-PAGE erfolgte in einem Mini-Format Vertical Unit SE 260 Elektrophoresesystem von GE Healthcare. Dafür wurde zunächst ein 14%iges Trenngel gegossen und für 1 h auspolymerisiert. Anschließend wurde ein 2%iges Sammelgel hergestellt und nach Einsatz eines Probenkammes für 30 min auspolymerisiert. Die fertigen Gele wurden in das Elektrophoresesystem eingesetzt und die Kammern mit 1 x Laufpuffer gefüllt. Jeweils 10 µl der Proteinproben wurden mit 5 µl 3 x Probenpuffer und 1,5 µl 1 M DTT gemischt und für 5 min bei 95 °C erhitzt. Im Anschluss daran wurden je 8 µl der vorbereiteten Proben sowie 5 µl eines Protein-Größenstandards in die Geltaschen pipettiert. Die elektrophoretische Auftrennung der Proteine erfolgte bei einer Spannung von 160 V und 20 mA pro Gel (Electrophoretic Power Supply EV231, Consort). Danach wurden die Proteine durch Anfärben der Gele mit kolloidalem Coomassie (Roti®-Blue, Roth) sichtbar gemacht und dokumentiert. Die massenspektrometrische Analyse der elektrophoretisch aufgetrennten Proteine erfolgte in der Service-Einheit des Life Science Centers der Universität Hohenheim.

Trenngel (14%): 5,05 ml H_2O; 7 ml Acrylamidlösung (Rotiphorese® Gel (37,5:1), Roth); 2,81 ml 2 M Tris-HCl (pH 8,8); 60 µl SDS (25%); 75 µl APS (10%); 5µl TEMED

Sammelgel (2%): 7,3 ml H_2O; 1,33 ml Acrylamidlösung (Rotiphorese® Gel (37,5:1), Roth); 1,25 ml Tris-HCl (pH 6,8); 40 µl SDS (25%); 50 µl APS (10%); 5 µl TEMED

3.2.5.4 Dialyse von Proteineluaten

Da die Proteinaufreinigung unter denaturierenden Bedingungen erfolgte, mussten die Proteine für nachfolgende Untersuchungen erst wieder renaturiert werden. Dazu wurden Amicon Ultra® Centrifugal Filter Devices mit einer Ausschlussgröße von 3 kDa der Firma Millipore verwendet. Je 200 µl Proteineluat wurden in das Reservoir einer Filtereinheit gegeben. Um die Proteine von ihrer denaturierenden Umgebung zu separieren, wurden die Filtereinheiten für zunächst für 1,5 h bei 12000 rpm und 4 °C (Biofuge Fresco, Heraeus) zentrifugiert. Der Durchlauf wurde verworfen und 120 µl Dialysepuffer (4 M Harnstoff) zu dem verbliebenen, konzentrierten Proteineluat gegeben. Die Waschschritte wurden noch zweimal wiederholt und das konzentrierte Proteineluat danach in 100 µl Dialysepuffer mit 1 M Harnstoff bzw 80 µl Dialysepuffer mit 0,2 M Harnstoff aufgenommen. Nach einem letzten Zentrifugationsschritt für 1,5 h bei 12000 rpm und 4 °C wurden das Reservoir der Filtereinheit umgedreht und auf ein neues Reaktionsgefäß gesetzt. Durch Zentrifugation für 3 min bei 3300 rpm und 4 °C erfolgte ein Rücklauf des konzentrierten Proteineluates in das Reaktionsgefäß, welches anschließend in 80 µl Dialysepuffer ohne Harnstoff aufgenommen wurde. Der Proteingehalt der dialysierten Proben wurde mit Hilfe eines 2-D Quant Kits (GE Healthcare) nach Angaben des Herstellers bestimmt und die Proteinproben bei -20 °C aufbewahrt.

3.2.5.5 Electrophoretic Mobility Shift Assay (EMSA)

Um die Bindung von Regulatorproteinen an die $nlea_{4795}$-Promotorregion zu untersuchen, wurde im Rahmen dieser Arbeit die Durchführung von EMSAs etabliert. Das Prinzip dieser Methode beruht dabei auf dem veränderten Laufverhalten von DNA-Fragmenten mit gebundenem Protein innerhalb eines elektrischen Feldes. Bindet ein Protein an ein bestimmtes DNA-Fragment, so kann die gebundene DNA bei einer elektrophoretische Auftrennung nicht so schnell durch die Gelmatrix wandern, wie die „freie" DNA. Dieser Effekt resultiert in einer sogenannten Bandenverschiebung, die im Englischen auch als „Band Shift" bezeichnet wird.

Für die Durchführung der EMSAs wurden zunächst DNA-Fragmente von variabler Größe und unterschiedlicher Position, entsprechend dem $nlea_{4795}$-Startcodon, mittels

PCR hergestellt und aufgereinigt (Qiaquick PCR Purification Kit, Qiagen). Die DNA-Konzentration wurde photometrisch bestimmt (Gene Quant Pro, Amersham Biosciences). Für die Durchführung der EMSAs wurden anschließend DNA-Fragmente, Protein und 5x-Bindepuffer gemischt, mit sterilem H_2O auf ein Gesamtvolumen von 10 µl gebracht und unter den entsprechenden Bedingungen inkubiert (Thermo Block, Kisker). Da sich im Verlauf der Etablierung für jedes Protein spezifische Versuchsparameter, wie Pufferzusammensetzung, Temperatur, Inkubationszeit, Protein- und DNA-Konzentration, für eine optimale DNA-Bindung herausstellten, sind diese in Tabelle 3.4. aufgeführt. Um die Spezifität einer Protein/DNA-Bindung zu testen, wurde zudem eine Kontrolle mit unspezifischen DNA-Polymeren mitgeführt. Dafür wurden zu einem Versuchsansatz zusätzlich 2 µl Poly-(d(I-C)) DNA-Moleküle (05, µg/µl, Roche) pipettiert. Nach beendeter Inkubation wurden die Protein/DNA-Gemische vorsichtig in die Taschen eines 0,7-0,8%igen Agarosegels pipettiert und für 4,5 h bei 2°C eine Spannung von 70 V angelegt (Electrophoretic Power Supply EV231, Consort). Nach der elektrophoretischen Auftrennung wurden die Agarosegele im Ethidiumbromidbad (10 mg/ml) gefärbt und die DNA unter UV-Licht sichtbar gemacht (AlphaImager®, Biozym).

Tabelle 3.4: Inkubationsbedingungen der verschiedenen Proteine.

Protein	Proteinmenge (ng)	DNA-Menge(ng)	5 x Bindepuffer (Konzentration)	Temperatur	Inkubationszeit (min)
Ler	800	100	1 (2x)	30°C	50
GrlA	400	200	1 (3x)	22°C	20
PchA	200	200	4 (2x)	35°C	45

Material und Methoden

3.2.6 Analyse der Genexpression auf transkriptioneller Ebene

3.2.6.1 Umgang mit RNA

Da RNasen sehr stabile und aktive Enzyme sind, mussten beim Umgang mit RNA einige präventive Maßnahmen getroffen werden. Zum einen wurden sämtliche Lösungen entweder mit DMPC behandelt oder mit DMPC-behandeltem H_2O angesetzt. DMPC bindet, ähnlich wie das giftigere DEPC, an die RNasen und inaktiviert sie dadurch. Die hergestellten Lösungen wurden mit 0,1% DMPC (v/v) versetzt und über Nacht unter ständigem Rühren inkubiert. Verwendete Glasgefäße wurden ebenfalls mit DMPC-behandeltem Wasser gefüllt und über Nacht stehen gelassen. Durch anschließendes Autoklavieren wurde das zugesetzt DMPC wieder eliminiert. Elektrophoresekammern wurden mit 0,5% SDS (w/v) gereinigt und anschließend mit DEPC-behandeltem H_2O und Ethanol gespült. Zum andern wurde für alle Arbeiten RNase-freies Plastikmaterial (Biozym, Sarstedt) verwendet und die benötigten Arbeitsmittel regelmäßig mit RNaseZAP® (Ambion) gereinigt.

3.2.6.2 Isolierung der Gesamt-RNA

Zur Vorbereitung der RNA-Isolierung wurden Übernachtkulturen des *E. coli* Stammes 4795/97 oder die generierten *E. coli* Stämme mit deletierten bzw. komplementierten Regulatorgenen (Herstellung wie in Abschnitt 3.2.4.1) in 30 ml frischem Medium auf einen OD_{600}-Wert von 0,05 verdünnt. Bei Untersuchungen zur Regulation von $nleA_{4795}$ wurde hierfür LB-Medium verwendet, bei Versuchen zum Einfluss von Umweltbedingungen wurden verdünntes LB-Medium, LB-Medium mit 0,4% NaCl oder PC-Medium verwendet. Die Bakterienkulturen wurden unter Standardbedingungen entweder bis zur mittleren (2 h) oder bis der späten logarithmischen Phase (4 h) inkubiert. Im Anschluss daran wurde von jeder Kultur ein Volumen entsprechend einer Anzahl von annähernd 6×10^8 Bakterienzellen entnommen und für 5 min bei 4°C und 13000 rpm (Centifuge 5417 R, Eppendorf) zentrifugiert. Die Überstände wurden verworfen und die Zellpellets in 2 Volumen RNAprotect™ bacteria reagent (Qiagen) und einem Volumen 1 x Tris-EDTA-Puffer (Sigma), in einem Gesamtvolumen von 1 ml, aufgenommen. Nach gründlichem Durchmischen wurden die Proben für 5 min bei Raumtemperatur inkubiert und

Material und Methoden

anschließend für weitere 10 min bei 13000 rpm und 4°C zentrifugiert. Nach der Zentrifugation wurden die Überstände vorsichtig abgenommen und die Zellpellets entweder bei -72°C eingefroren oder direkt für die RNA-Isolierung verwendet. Der Aufschluss der Zellen erfolgte durch Zugabe von 200 µl Tris-EDTA-Puffer mit 1 mg/ml Lysozym. Die Proben wurden bei Raumtemperatur unter ständigem Durchmischen inkubiert, bis keine Pellets mehr zu sehen waren. Nach beendeter Zelllyse erfolgte die Isolierung der Gesamt-RNA mit Hilfe eines RNeasy Mini Kits (Qiagen), basierend auf der Bindung von RNA an die Sillicamembran der Zentrifugensäulen. Dafür wurden die Zelllysate zunächst mit 700 µl Puffer RLT versetzt und gut durchmischt. Anschließend wurden die Proben in 500 µl 100%igem Ethanol resuspendiert und auf die Zentrifugensäulen gegeben. Diese wurden für 1 min bei 13000 rpm und 20°C zentrifugiert, um die RNA an die Silicamatrix zu binden. Alle nachfolgenden Zentrifugationsschritte wurden ebenfalls für 1 min bei 13000 rpm und 20°C durchgeführt. Die gebundene RNA wurde mit 350 µl Puffer RW1 gewaschen und im Anschluss daran einem DNase-Verdau unterzogen (RNase-free DNAse Set, Qiagen). Dazu wurden 80µl DNase-Mix (70 µl Puffer RDD + 10 µl DNase-Stammlösung) auf die Silicamembran der Säulen gegeben und eventuelle DNA-Reste für 15 min bei Raumtemperatur verdaut. Diese wurden durch nachfolgendes Waschen mit 350 µl Puffer RW1 entfernt. Die Silicamembran mit der gebundenen RNA wurde noch zwei weitere Male mit 500 µl Puffer RPE gewaschen und dann auf ein neues Reaktionsgefäß gesetzt. Durch einen zusätzlichen Zentrifugationsschritt wurde eventuell verbliebener Puffer RPE entfernt, um nachfolgende Störungen durch den enthaltenen Ethanol zu vermeiden. Die Silicamembran wurde wiederum auf ein neues Gefäß gesetzt und die gebundene RNA zweimal mit je 40 µl H_2O eluiert. Die Quantität der isolierten RNA wurde photometrisch bestimmt und die Qualität anschließend durch denaturierende Formaldehyd-Agarosegelelektrophorese überprüft. Dazu wurden 1,2 % Agarose (TopVision™, Fermentas) in 22 ml H_2O eingewogen, aufgekocht, und nach dem Abkühlen 2,5 ml 10 x MOPS und 1,3 ml Formaldehyd zugegeben. Je 300 ng RNA wurden mit 2 µl 2 x RNA Loading Dye versetzt, zusammen mit dem RNA-Größenstandard für 10 min auf 70 °C erhitzt, und anschließend für 2 min auf Eis inkubiert. Die elektrophoretische Auftrennung der Proben erfolgte in einer Mini-Sub™

Cell (Bio-Rad) bei 70 V (E132, Consort). Als Laufpuffer wurde 1 x MOPS verwendet. Da der Ladepuffer bereits Ethidiumbromid enthielt, konnten die Gele nach dem Lauf direkt dokumentiert werden Nach erfolgreicher Überprüfung wurden die isolierten RNA-Proben bei -72°C gelagert.

3.2.6.3 cDNA-Synthese durch reverse Transkription

Die Synthese von cDNA aus den in Abschnitt 3.2.6.2 isolierten RNA-Proben erfolgte mit Hilfe eines SuperScript® II Reverse Transcriptase Systems der Firma Invitrogen. Dafür wurde je 1 mg der isolierten RNA mit 1 μl Random Primers (3 μg/ml, Invitrogen) versetzt und für 10 min bei 65°C denaturiert. Das Anlagern der Random Primers erfolgte für 10 min bei Raumtemperatur, nachfolgend wurden die Proben für 2 min auf Eis inkubiert. Im Anschluss daran wurden die Proben mit 4 μl 5 x First Strand-Puffer (Invitrogen), 2 μl dNTP-Mix (10 mM pro dNTP), 200 Units SuperScript® II reverse Transkriptase und hochreines H_2O in einem Gesamtvolumen von 20 μl gemischt. Für jede Probe wurde zudem ein Ansatz ohne reverse Transkriptase, als Kontrolle für eventuelle DNA-Verunreinigungen, angefertigt. Die cDNA-Synthese durch reverse Transkriptase erfolgte durch Inkubation bei 42°C für 1,5 h. Danach wurden 5 μl 1 M NaOH zu jedem Ansatz gegeben und für 10 min bei 65°C inkubiert, um das Enzym zu inaktivieren. Anschließend wurden die Ansätze durch Zugabe von 5 μl 1 M HCl und 200 μl Tris-EDTA-Puffer neutralisiert und mit einem Qiaquick PCR Purification Kit (Qiagen) nach Angaben des Herstellers aufgereinigt. Die Konzentration der synthetisierten cDNA wurde photometrisch bestimmt und die Proben bei -20°C gelagert.

3.2.6.4 Analyse der Genexpression mittels real-time PCR

Die Methode der real-time PCR erlaubt, im Gegensatz zur konventionellen PCR, die Quantifizierung des amplifizierten Produktes schon während der laufenden Reaktion. Der exponentielle Anstieg der Amplifikationsprodukte kann also in Echtzeit mitverfolgt und analysiert werden. Ermöglicht wird dies durch den Einsatz von Fluoreszenzfarbstoffen, deren Signalstärke proportional zum Anstieg der DNA-Menge zunimmt. Im Rahmen dieser Arbeit wurde der Farbstoff SYBR Green I

Material und Methoden

verwendet, welcher unspezifisch an doppelsträngige DNA bindet. Ungebunden weist dieser Farbstoff nur eine geringe Fluoreszenz auf, durch die Bindung an DNA wird die Signalstärke jedoch bis zu 1000-fach erhöht. Die Fluoreszenz einer Reaktion nimmt demnach zu, wenn die Menge des Amplifikationsproduktes ansteigt und somit mehr DNA zur Bindung des Farbstoffes zur Verfügung steht. Zu Beginn jeder Reaktion hebt sich daher die Fluoreszenz nicht vom Hintergrundrauschen ab, mit zunehmender Zyklenzahl steigt sie jedoch zu einem detektierbaren Fluoreszenzsignal an. Die Anzahl an Zyklen, die für dieses messbare Signal benötigt wird, wird als sogenannter „threshold cycle", kurz C_T-Wert, bezeichnet. Der C_T-Wert hängt maßgeblich von der Menge der Matrizen-DNA ab. Ist vor Amplifikationsstart viel DNA vorhanden, wird der C_T-Wert schon nach relativ wenigen Zyklen erreicht, wohingegen bei wenig Ausgangsmaterial eine höhere Zyklenzahl für das Erreichen des C_T-Wertes benötigt wird. Basierend auf dieser Relation können quantifizierende Aussagen über den Matrizengehalt getroffen und verschiedener Proben miteinander verglichen werden.

Die quantitativen Analysen mittels real-time PCR wurden mit Hilfe eines iQ™5 Real Time PCR Detection System (Bio-Rad) durchgeführt. Für eine optimale Analyse wurden zunächst die Standardkurven für alle zu untersuchenden Gene erstellt. Dazu wurden serielle Verdünnungen (Faktor 10) der entsprechenden Plasmide (Tabelle 3.3) hergestellt. Für jeden Reaktionsansatz wurden je 2 µl der Verdünnungsstufen 10^{-3} bis 10^{-9} eingesetzt und mit 12,5 µl iQ™ SYBR® Green Supermix (Bio-Rad) und 0,75 µl jedes Oligonukleotids (Tabelle A5 im Anhang) in einem Gesamtvolumen von 25 µl gemischt. Die PCR-Bedingungen für jedes Gen sind in Tabelle 3.5 aufgeführt. Bei der Verwendung von neu konstruierten Oligonukleotiden wurden die Amplifikate einer nachfolgenden Schmelzkurvenanalyse unterzogen, durch Erhitzen auf 95 °C, Abkühlen auf 52 °C und wieder kontinuierliches Erhöhen auf 95 °C (0,5 °C/30 s). Nach beendeter PCR wurden die Standardkurven mittels der iQ™5 Optical System Software (Bio-Rad) durch Auftragen der Verdünnungsstufen gegen den jeweiligen C_T-Wert konstruiert. Von jeder Verdünnung wurden Duplikate eingesetzt und die Standardkurven wurde für jedes Gen mindestens 3 Mal erstellt, um die korrekte Amplifikationseffizienz (E) zu bestimmen. Diese wurde aus der Steigung der Standardkurve mit folgender Formel berechnet: $E = 10^{-1/\text{Steigung}}$

Material und Methoden

Nach der Bestimmung der Effizienz wurden die zu untersuchenden cDNA-Proben zur quantitativen Analyse eingesetzt. Dazu wurden je 2,8 ng cDNA pro Reaktionsansatz verwendet. Von jeder Probe wurden Triplikate eingesetzt, ebenso wurden bei jeder PCR eine Positivkontrolle und eine Negativkontrolle (H_2O) mitgeführt. Unter Verwendung der iQ™5 Optical System Software (Bio-Rad) wurde anschließend die relative Genexpression von $nleA_{4795}$ im Bezug auf die Referenzgene *gapA* (Glyceraldehyd-3-phosphate Dehydrogenase) und *rrsB* (16S rRNA) nach Pfaffl [2001] bestimmt. Für eine statistische Analyse der Daten wurde nachfolgend ein einseitiger, ungepaarter t-Test angewendet und ein P-Wert $< 0,05$ als signifikant betrachtet.

Tabelle 3.5: Zyklusbedingungen der real-time PCR.

Zielgen	Bedingungen	Referenz
gapA	1 x 95°C, 180 s,	Slanec, 2007,
	40 x 95°C, 15 s; 63°C, 60 s; 72°C, 20 s	unveröffentlichte Daten
rrsB	1 x 95°C, 180 s,	Slanec, 2008,
	40 x 95°C, 15 s; 60°C, 30 s; 72°C, 20 s	unveröffentlichte Daten
nleA	1 x 95°C, 180 s,	diese Arbeit
	40 x 95°C, 15 s; 52°C, 30 s; 72°C, 20 s	

3.2.7 Herstellung von vorkonditioniertem Medium

Um die Wirkung von Quorum Sensing auf die Expression von $nleA_{4795}$ zu untersuchen, wurde ein mit bakteriellen Autoinducern vorkonditioniertes Medium, im Folgenden als PC-Medium bezeichnet, hergestellt [Surette und Bassler, 1998; Sperandio *et al.*, 1999]. Dazu wurde eine Übernachtkultur des *E. coli* Stammes C600 oder des EHEC Stammes EDL933 in frischem LB-Medium 1:100 verdünnt und unter Standardbedingungen bis zu einem OD_{600}-Wert von annähernd 1,4 wachsen gelassen. Anschließend wurden die Bakterienzellen durch Zentrifugation für 15 min bei 4°C und 8000 x g vom Medium getrennt. Die Überstände wurden mit 4 M NaOH auf einen pH-Wert von 7,5 eingestellt, sterilfiltriert (Porengröße 0,2 µm) und bei -20 °C aufbewahrt. Das hergestellte PC-Medium wurde vor Gebrauch über Nacht bei 8 °C aufgetaut.

3.2.8 Biolumineszenz-Assay

Eine Übernachtkultur von *Vibrio fischeri* wurde in 10 ml Flüssigmedium bei 27 °C und 200 rpm inkubiert. Im Anschluss daran wurden 2 x 30 ml frisches Medium mit der Übernachtkultur auf einen OD_{600}-Wert von 0,05 angeimpft. In eine der Kulturen wurde 1 mM AI-1 zugegeben, die andere blieb als Kontrolle ohne Autoinducer. Beide Kulturen wurden bei 27 °C und 200 rpm (Multiron, Infors-HT) über einen Zeitraum von 4 h inkubiert. Zu jeder Stunde wurden die OD_{600}-Werte bestimmt und die Lumineszenz gemessen. Dazu wurden je 100 µl der Bakterienkulturen in eine weiße Mikrotiterplatte (Lumitrac 600, Greiner) gegeben und die Lumineszenz (Einheit RLU) in einem Plattenlesegerät (Infinite® 200, Tecan) bestimmt. Jede Probe wurde in Duplikaten gemessen. Wie zuvor in Abschnitt 3.2.4.3 wurde der Quotient aus den gemessenen RLU und den entsprechenden OD_{600}-Werten gebildetet und dadurch die relative Lumineszenz ermittelt..

Kulturmedium für *V. fischeri*: 30 g NaCl, 6,1 g NaH_2PO_4 x H_2O, 2,1 g K_2HPO_4, 0,2 g $MgSO_4$ x 7 H_2O, 0,5 g $(NH_4)_2HPO_4$, 1,7 ml Glycerin (87%), 5 g Pepton aus Casein und 0,5 g Hefeextrakt mit H_2O auf 1 L gebracht.

3.2.9 Enzym Immuno-Assay

Der Nachweis von Shiga Toxin erfolgte mit Hilfe eines ProspecT® STEC Microplate Assay der Firma Remel. Dieser funktioniert nach dem Prinzip eines Festphasen-Enzym Immuno-Assays unter Verwendung einer mit polyklonalen, Stx-spezifischen Antikörpern beschichteten Mikrotiterplatte. In den Proben vorhandene Shiga Toxine werden zunächst an die Beschichtung gebunden, mehrfach gewaschen und nachfolgend mit monoklonalen, Stx-spezifischen Antikörpern versetzt. Diese

Material und Methoden

Antikörper sind durch eine Meerrettich-Peroxidase markiert, welche nach Zugabe eines Substrates ein farbiges Reaktionsprodukt bildet. Die Färbung wird anschließend photometrisch ausgewertet.

Zur Durchführung des Enzym Immuno-Assays wurden Übernachtkulturen des STEC Stammes MS-10 in frischem LB-Medium auf einen OD_{600}-Wert von 0,05 verdünnt unter Standardbedingungen inkubiert. Nach Erreichen eines OD_{600}-Wert von annähernd 0,6 wurde eine Bakterienkultur mit 200 ng/ml Norfloxacin induziert, eine Kontrollkultur blieb ohne Antibiotikum. Die weitere Inkubation erfolgte ebenfalls unter Standardbedingungen. Nach 2 h, 4 h und 6 h wurde je 1 ml aus den Kulturen entnommen und für 7 min bei 13000 rpm abzentrifugiert (Biofuge Pico, Heraeus). Der Kulturüberstand wurde abgenommen und getrennt vom Bakterienpellet bei -20 °C eingefroren. Zum Nachweis von Shiga Toxin wurden Überstande und Pellets zunächst auf Eis aufgetaut. Anschließend wurden je 300 µl der Kulturüberstände bzw. die kompletten Bakterienpellets mit 600 µl (0 h und 2 h) oder 1800 µl (6 h) der Probenverdünnung des Kits versetzt. Der Enzym Immuno-Assay wurden dann nach Angaben des Herstellers durchgeführt und die optische Dichte der Proben bei einer Wellenlänge von 450 nm (OD_{450}) in einem Plattenlesegerät (Infinite® 200, Tecan) gemessen. Der für die Proben nach 6 h verwendete erhöhte Faktor der Probenverdünnung wurde zur Auswertung der OD_{450}-Werte miteinbezogen. Für ein auswertbares Ergebnis sollten die OD_{450}-Werte der im Kit enthaltenen Positiv- und Negativkontrolle größer 0,5 bzw. kleiner 0,1 sein.

4 Ergebnisse

4.1 Konstruktion verschiedener Luciferase-Reporterstämme und Deletionsmutanten

In dieser Arbeit sollten die Regulationsmechanismen des nicht-LEE kodierten Typ III Effektorgens $nleA_{4795}$ analysiert werden. Dazu wurde im STEC Stamm 4795/97 O84:H4 zunächst der komplette Leserahmen von $nleA_{4795}$ durch ein Luciferase-Reportergen (*luc*) ersetzt, um die Aktivität des $nleA_{4795}$-Promotors untersuchen zu können. Für diese sequenzspezifischen Austausch der Gene wurden Oligonukleotide verwendet, die nach der Nukleotidsequenz des $nleA_{4795}$ kodierenden Phagen BP-4795 [Creuzburg *et al.*, 2005] konstruiert worden waren (Tabelle A1 im Anhang). Eine schematische Darstellung für den chromosomalen Austausch von $nleA_{4795}$ durch *luc*, resultierend in dem Reporterstamm MS-10, ist in Abbildung 4.1 zu sehen. Ausgehend von dem generierten Basis-Reporterstamm wurden anschließend Deletionen in weiteren Genen erzeugt. Die Gendeletionen erfolgten dabei in Bereichen, die kodierende Sequenzen für verschiedene Regulatorproteine enthielten, um deren Einfluss auf die $nleA_{4795}$-Expression bewerten zu können. Da das komplette Genom des Stammes 4795/97 noch nicht sequenziert ist, wurden die für die Rekombination benötigten Oligonukleotide entsprechend der Sequenz des Stammes EDL933 konstruiert [Perna *et. al.*, 2001]. Zunächst wurden Deletionen in Genen erzeugt, die für die positiven Regulatoren Ler, GrlA, PchA, und LuxS kodieren. Daraus resultierten die Reporterstämme MS-11, MS-12, MS-13 und MS-16 (siehe Tabelle 3.2). Um die Abhängigkeit der $nleA_{4795}$-Expression von einem Regulator eindeutig nachzuweisen, wurden die Deletionen in einigen Gene durch nachfolgende Transformation entsprechender Plasmide komplementiert. Hierzu wurden die Plasmide pCM1, pCM2 oder pCM3 verwendet (siehe Tabelle 3.3). Zudem wurden Deletionen in Genen kodierend für die negativen Regulatoren GrlR und EtrA erzeugt, woraus die Reporterstämme MS-14 und MS-15 resultierten. In zwei Reporterstämmen war es erforderlich, mehr als ein Regulatorgen zu deletieren. Dies ergab die STEC Stämme MS-1112 und MS-1313. Für Untersuchungen der $nleA_{4795}$-Expression auf Transkriptionsebene mittels Real-Time PCR wurden ausgehend von Wildtyp Stamm 4795/97 Deletionsmutanten ohne Reportergen erzeugt. Diese resultierten in den Stämmen MS-21, MS-22, MS-23 und MS-2323 und wurden nachfolgend ebenfalls durch eine Transformation der entsprechenden Plasmide komplementiert (siehe Tabellen 3.2 und 3.3).

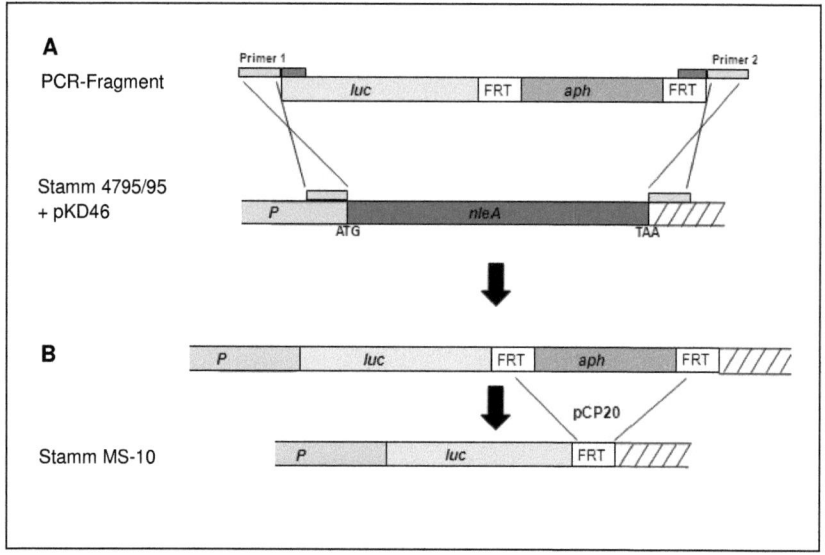

Abbildung 4.1: Konstruktion eines Reporterstammes nach Gerlach *et al.* [2007]. Die Methode der sequenzspezifischen Rekombination ist anhand des Austausches von *nleA*$_{4795}$ durch *luc* dargestellt. **A)** Im ersten Schritt erfolgte der Austausch von *nleA*$_{4795}$ durch die Kanamycinkassette. **B)** Im zweiten Schritt wurde die Kanamycinresistenz (*aph*) durch Rekombination an den FRT-sites entfernt.

Ergebnisse

4.1.1 Bestätigung von Reporterfusion und Gendeletionen

Gentechnisch veränderte Bakterienstämme wurden nach Durchführung der in Abschnitt 3.2.4.1 beschriebenen „One-Step Inactivation"-Methode durch PCR identifiziert und durch nachfolgende und Nukleotidsequenzierung bestätigt. Für die Durchführung der PCRs wurden die in den Tabellen A2 und A6 im Anhang aufgeführten Oligonukleotide verwendet. Die Bindestellen für diese Oligonukleotide lagen zwischen 100 bp und 200 bp stromaufwärts bzw. stromabwärts des Start- und Stopcodons der entsprechenden Gene. Der Rekombinationserfolg konnte somit anhand der Größe der PCR-Produkte überprüft werden, da sich die Amplifikatgröße bei erfolgreichem Austausch eines Genes mit der Reporter- oder der Kanamycinkassette veränderte. Im Falle des $nleA_{4795}$-Gens betrug die Länge des kompletten offenen Leserahmens 1380 bp, die Reporterkassette, bestehend aus dem Reportergen *luc* und nachfolgender Kanamycinkassette, wies dagegen eine Größe von 3148 bp auf. Nach durchgeführter PCR unter Verwendung der stromauf- bzw. stromabwärts bindenden Oligonukleotide betrug die Amplifikatgröße bei erfolgreichem Austausch durch die Reporterkassette demnach 3344 bp, im Gegensatz zu 1575 bp bei unverändertem $nleA_{4795}$ (siehe Abbildung 4.2.). Die Kanamycinresistenz wurde durch nachfolgende Transformation von pCP20 mittels der plasmidkodierten FLP-Rekombinase wieder entfernt. Dieser Schritt wurde ebenfalls durch PCR überprüft, wobei das Amplifikat nur noch eine Größe von 1951 bp aufzeigte.

Ähnliches galt auch bei der Überprüfung der deletierten Gene. Diese wurden zunächst durch sequenzspezifische Rekombination mit einer Kanamycinkassette ausgetauscht (FRT-flankiertes *aph*-Gen), die eine Nukleotidlänge von 1440 bp aufwies. Die Leserahmen der zu deletierenden Gene hingegen waren zwischen 315 bp und 753 bp groß. Resultierte die Überprüfung mittels PCR in einem DNA-Fragment mit mehr als 1700 bp, konnte somit auf den erfolgreichen Austausch eines Genes durch die Kanamycinkassette geschlossen werden. Im Anschluss erfolgte wiederum die Entfernung der Kanamycinresistenz durch die plasmidkodierte FLP-Rekombinase. Nach einer abschließenden Überprüfung durch PCR wiesen die DNA-Fragmente nur noch eine Größe von annähernd 500 bp auf.

Die neu generierten rekombinanten Stämme wurden zusätzlich durch Nukleotidsequenzierung bestätigt. Dazu wurden die oben beschriebenen PCR-Produkte zunächst enzymatisch aufbereitet. Die Sequenzierung erfolgte anschließend mit Hilfe der für die PCR verwendeten Oligonukleotide. Eine Ausnahme bildete hierbei der Austausch von $nleA_{4795}$ durch luc. Um den kompletten offenen Leserahmen des 1653 bp großen Reportergenes zu sequenzieren und dadurch bestätigen zu können, wurden zusätzliche Oligonukleotide eingesetzt (Tabelle A6 im Anhang). Die erhaltenen Sequenzen wurden mit Hilfe des Softwareprogramms BioEdit [Hall, 1999] ausgewertet und sind im Anhang (Abschnitt A7) aufgeführt.

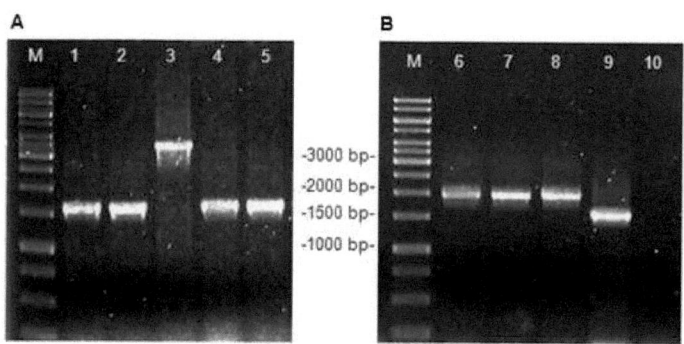

Abbildung 4.2: Überprüfung möglicher rekombinanter Bakterienkolonien durch PCR am Beispiel des Austausches von $nleA_{4795}$ durch luc. **A)** Nach Durchführung der sequenzspezifischen Rekombination. **B)** Nach Transformation des Plasmides pCP20. Dargestellt sind die Banden der PCR-Produkte nach elektrophoretischer Auftrennung auf einem 1%igem Agarosegel, angefärbt in Ethidiumbromid. M: 1 kb DNA-Ladder; 1: unverändertes $nleA_{4796}$-Gen; 2: unverändertes $nleA_{4796}$-Gen; 3: Austausch durch luc + Kanamycinkassette, 4: unverändertes $nleA_{4796}$-Gen; 5: Kontrolle (*E. coli* Stamm 4795/97); 6 - 8: deletierte Kanamycinresistenz; 9: Positivkontrolle (*E. coli* Stamm 4795/97); 10: Negativkontrolle (*E. coli* Stamm C600).

4.2 Expression von $nleA_{4795}$ unter verschiedenen Umweltbedingungen

4.2.1 Einfluss verschiedener Kulturmedien

Es wurde bereits beschrieben, dass verschiedene Umweltbedingungen einen großen Einfluss auf die Typ III Sekretion in EHEC bzw. STEC haben können [Tree et al., 2009]. Da das LEE-kodierte Typ III Sekretionssystem für die Translokation von $NleA_{4795}$ verantwortlich ist, war eine erste Vermutung, dass bestimmte Umweltbedingungen auch bei der $nleA_{4795}$-Expression eine Rolle spielen könnten. Um die Wirkung von äußeren Einflüssen zu untersuchen, wurde eine Übernachtkultur des Luciferase-Reporterstammes MS-10 in verschiedenen Kulturmedien verdünnt und unter Standardbedingungen, bei 37°C und 180 rpm, inkubiert. Als Testmedien wurden dabei zum einen modifizierte LB-Medien (mit 0,1% und 0,4% NaCl) verwendet, um den Einfluss von verschiedenen Salzkonzentrationen auf die Expression von $nleA_{4795}$ zu untersuchen. Zum anderen wurde der Einfluss der Medien SCEM und M9 getestet. Dabei sollte durch die Inkubation des Reporterstammes MS-10 in SCEM ein dickdarmähnliches Milieu erzeugt und dessen Auswirkung auf die $nleA_{4795}$-Expression untersucht werden. Das Minimalmedium M9 wurde verwendet, da dieses bereits als induzierend für die Expression des Typ III Sekretionssystems beschrieben wurde [Gruenheid et al., 2004; Creuzburg et al., 2005]. Inkubation in herkömmlichem LB-Medium mit 1% NaCl diente als Referenz (siehe Abschnitt 3.1.4 für die Zusammensetzung der einzelnen Medien). Über einen Zeitraum von 4 h wurden aus den Bakterienkulturen stündlich Proben entnommen und die optische Dichte bei 600 nm (OD_{600}) gemessen. Des Weiteren wurde die absolute Reportergenaktivität der Proben durch Messung der Lumineszenz in „relative light units" (RLU) bestimmt (siehe Abschnitt 3.2.4.3). Aus diesen Werten wurde anschließend die relative Reportergenaktivität ermittelt (Quotient aus den gemessenen RLU und dem entsprechenden OD_{600}-Wert) und zusammen mit dem Wachstumsverlauf graphisch dargestellt. In Abbildung 4.3 sind die relative Reportergenaktivität (y-Achse) und das Wachstum (sekundäre y-Achse) des Reporterstammes in den einzelnen Medien gegen die Zeit (x-Achse) aufgetragen.

Eine tabellarische Darstellung der Zahlenwerte dieses Versuches sowie aller folgenden Experimente ist im Anhang aufgeführt (Abschnitt A8). In Abbildung 4.3 fällt zunächst auf, dass die relative Reportergenaktivität (im Folgenden vereinfacht als Reportergenaktivität bezeichnet) in dem als Referenz verwendeten LB-Medium im Verlauf der Inkubation stark zunimmt. Insbesondere während der logarithmischen Wachstumsphase steigt die Reportergenaktivität proportional zum Verlauf der Wachstumskurve stark an. Beispielsweise ist die Reportergenaktivität nach 3 h im Vergleich zur Messung nach 2 h um den Faktor 5 erhöht. In der späten logarithmischen Phase, nach 4 h, nimmt sie hingegen nur noch schwach zu. Die Reportergenaktivität, stellvertretend für die Expression von $nleA_{4795}$, ist demnach eindeutig abhängig von den verschiedenen Wachstumsphasen.

In der mittleren logarithmischen Wachstumsphase sind zudem die größten Unterschiede in der Reportergenaktivität innerhalb der getesteten Medien zu verzeichnen. Nach 2 h zeigt die Inkubation des Reporterstammes in LB-Medium mit 0,1% NaCl im Vergleich zur Referenz in herkömmlichem LB-Medium eine 2,5-fache Erhöhung der Reportergenaktivität. In LB-Medium mit 0,4% NaCl ist dagegen ein Anstieg um den Faktor 4,8 zu beobachten. Der Wachstumsverlauf des Reporterstammes ist in beiden modifizierten LB-Medien nahezu identisch, jedoch etwas geringer als das Wachstum im Referenz-Medium. In den beiden Medien SCEM und M9 ist ein deutlich langsamerer Anstieg der Wachstumskurven zu sehen. In SCEM zeigt die Reportergenaktivität des Reporterstammes keine großen Unterschiede im Vergleich zur Referenz. Bei der Inkubation in M9-Medium hingegen ist über den kompletten Versuchsverlauf nur eine sehr geringe Reportergenaktivität zu verzeichnen. Die Versuche in M9-Medium, SCEM und LB-Medium wurden zudem in einer Atmosphäre mit erhöhtem CO_2-Gehalt (5%) bei 37 °C wiederholt, um darmähnliche Bedingungen zu simulieren. Die entsprechenden Werte für das Wachstum und die Reportergenaktivität sind im Anhang aufgeführt (Abschnitt A9). Hierbei zeigten die Bakterien in M9-Medium und SCEM ein ähnlich schnelles Wachstum wie in der Referenz LB-Medium. Die geänderten Versuchsparameter führten jedoch sowohl bei der Inkubation in SCEM als auch in M9-Minimalmedium zu einer deutlichen Reduktion der Reportergenaktivität.

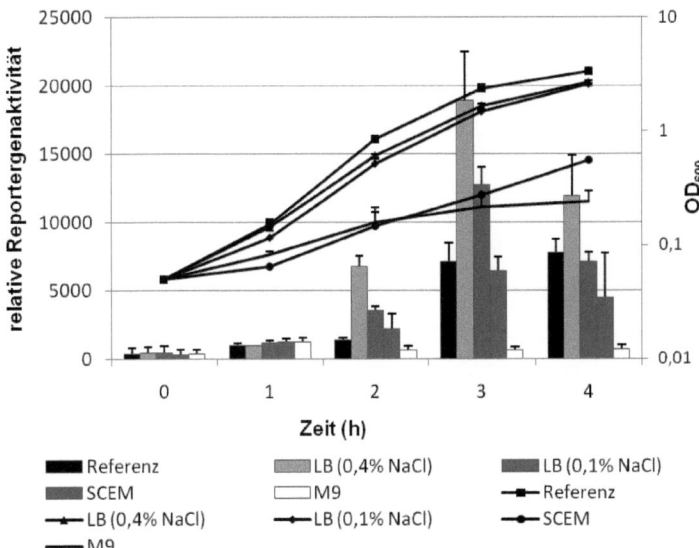

Abbildung 4.3: Relative Reportergenexpression und Wachstumskurven des *E. coli* Stammes MS-10 bei Inkubation in unterschiedlichen Kulturmedien im Vergleich zur Referenz (LB-Medium mit 1% NaCl). Verschiedenfarbige Balken geben die ermittelte relative Reportergenaktivität an, OD_{600}-Werte sind durch Linien und Symbole dargestellt. Die Standardabweichungen aus drei unabhängigen Versuchen sind durch Fehlerbalken gekennzeichnet.

Insgesamt wird aus diesen Ergebnissen deutlich, dass vor allem die verminderte NaCl-Konzentration von 0,4% in LB-Medium einen starken Einfluss auf die Expression von $nleA_{4795}$ ausübt. Eine weitere Reduktion der Konzentration auf 0,1% NaCl erhöht die $nleA_{4795}$-Expression nicht mehr so stark. In den Medien SCEM und M9 üben die darin enthaltenen Konzentrationen von 0,09% bzw. 0,05% NaCl keinen vergleichbaren Effekt aus. Die Inkubation unter dickdarmähnlichen Bedingungen in SCEM scheint keinen, bzw. in 5% CO_2, einen reprimierenden Einfluss auf die Expression von $nleA_{4795}$ zu haben, durch das Minimalmedium M9 wird die Expression unter beiden Bedingungen stark reprimiert.

4.2.2 Einfluss verschiedener Salzkonzentrationen

In Abschnitt 4.2.1 konnte gezeigt werden, dass die $nleA_{4795}$-Expression durch eine NaCl-Konzentration von 0,4% stark erhöht wird. Dies entspricht einer Molarität von 68,4 mM NaCl. Um herauszufinden, ob diese Beeinflussung ein spezifisches Phänomen für dieses Salz ist, wurde die Wirkung von weiteren Salzen auf die Expression von $nleA_{4795}$ untersucht. Dazu wurde LB-Medium verwendet, dass anstelle von NaCl, verschiedene Molaritäten an KCl oder $MgSO_4$ enthielt. In diesen modifizierten LB-Medien wurden Übernachtkulturen des Reporterstammes MS-10 verdünnt und unter Standardbedingungen inkubiert. Wie bereits beschrieben, wurden die OD_{600}-Werte und die relative Reportergenaktivität der verschiedenen Bakterienkulturen bestimmt. Als Referenz diente wie zuvor die Reportergenaktivität in herkömmlichem LB-Medium. Dieses enthält eine eingewogene Menge von 1% NaCl, was einer Molarität von 171,1 mM NaCl entspricht. Abbildung 4.4A zeigt die relative Reportergenaktivität in LB-Medien mit ansteigenden Molaritäten an KCl (y-Achse) nach 2 h und 3 h (x-Achse). Nach einer Inkubationszeit von 2 h ist die Reportergenaktivität in allen Medien auf einem ähnlich niedrigen Niveau. Erst nach 3 h ist zu erkennen, dass die Reportergenaktivität in den Medien mit 34,2 mM und 68,4 mM KCl um den Faktor 2 erhöht ist. Die Inkubation in LB-Medium ohne zugegebenes Salz zeigt interessanterweise keinen Einfluss auf die Reportergenaktivität, während in den Medien mit Konzentrationen über 68,4 mM KCl eine kontinuierlichen Abnahme der Reportergenaktivität bis auf die Ebene der Referenz zu sehen ist. Im Gegensatz dazu ist dieser Effekt bei der Inkubation in LB-Medium mit $MgSO_4$ ist nicht zu beobachten. Die Reportergenaktivität zeigt in den verschieden $MgSO_4$-Konzentrationen sowohl nach 2 h als auch nach 3 h keine starken Unterschiede (Abbildung 4.4B).

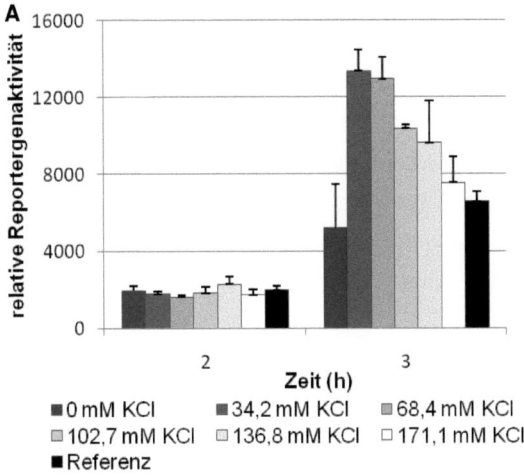
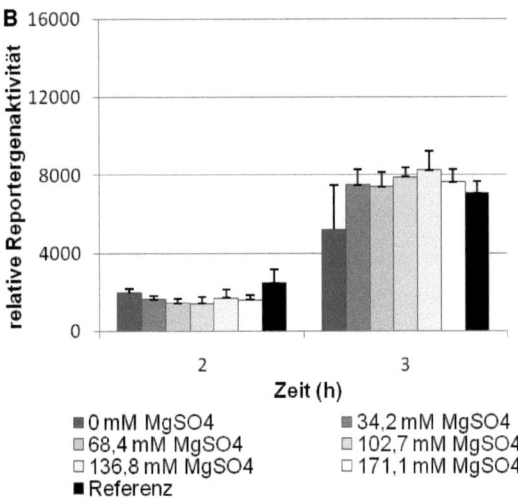

Abbildung 4.4.: Relative Reportergenaktivität des *E. coli* Stammes MS-10 bei Inkubation in LB-Medium mit unterschiedlichen Salzkonzentrationen im Vergleich zur Referenz (LB-Medium mit 1% NaCl). **A)** LB-Medien mit verschiedenen Molaritäten an KCl. **B)** LB-Medien mit verschiedenen Molaritäten an $MgSO_4$. Die ermittelte relative Reportergenaktivität ist durch verschiedenfarbige Balken dargestellt. Standardabweichungen aus drei unabhängigen Versuchen sind durch Fehlerbalken gekennzeichnet.

Diese Ergebnisse demonstrieren, dass auch bestimmte Molaritäten an KCl einen Einfluss auf die Expression von $nleA_{4795}$ haben können. Ähnlich wie in dem vorangegangenen Versuch mit NaCl hat auch hier eine Molarität von 68,4 mM mitunter den stärksten Effekt. Die Erhöhung der $nleA_{4795}$-Expression um den Faktor 2 ist allerdings deutlich schwächer als der 4,8-fache Anstieg der Expression in LB-Medium mit 68,4 mM bzw. 0,4% NaCl. Im Gegensatz dazu scheinen verschiedene Konzentrationen des zweiwertigen Salzes $MgSO_4$, sowie die Inkubation in LB-Medium ohne Zusatz eines Salzes, die Expression von $nleA_{4795}$ nicht zu beeinflussen.

4.2.3 Einfluss des osmotischen Potentials

Im Folgenden sollte untersucht werden, ob die in den Abschnitten 4.2.1 und 4.2.2 gezeigte Beeinflussung der $nleA_{4795}$-Expression durch Medien mit reduzierten Salzkonzentrationen ein spezifisches Phänomen der einwertigen Salze darstellt, oder möglicherweise durch eine Veränderung des osmotischen Potentials hervorgerufen wird. Dazu wurden LB-Medien verwendet, die anstelle von NaCl oder KCl verschiedene Molaritäten des osmotisch wirksamen Zuckers Saccharose enthielten. Da die Salze NaCl und KCl im wässrigen Milieu jedoch dissoziiert vorliegen, besitzt beispielsweise ein Medium mit 68,4 mM NaCl ein doppelt so hohes osmotisches Potential, wie ein Medium mit einer identischen Molarität an Saccharose. Zur Herstellung der LB-Medien mit Saccharose wurden demnach die doppelten Molaritäten eingesetzt, um isoosmolare Bedingungen zu erzielen. Da die LB-Medien mit Salzkonzentrationen von 34,2 mM und 68,4 mM den stärksten Einfluss auf die Expression von $nleA_{4795}$ aufwiesen, wurden zur Untersuchung des osmotischen Einflusses LB-Medien mit 68,4 mM bzw. 136,8 mM Saccharose verwendet. Eine Übernachtkultur des Reporterstammes MS-10 wurde in den entsprechenden Medien verdünnt und unter Standardbedingungen inkubiert. Als Referenz diente, wie in den vorherigen Versuchen, die Inkubation in herkömmlichem LB-Medium. Abbildung 4.4C zeigt die ermittelte relative Reportergenaktivität zu den Zeitpunkten 2 h und 3 h. Nach einer Inkubationszeit von 2 h ist die Reportergenaktivität in LB-Medium mit 68,4 mM Saccharose auf einer ähnlichen Ebene wie die der Referenz. Die Inkubation des Reporterstammes in LB-Medium mit 136,8 mM führt im Gegensatz dazu zu einer

1,8-fache Reduktion der Reportergenaktivität. Nach 3 h Inkubation weist die Reportergenaktivität in LB-Medium mit 68,4 mM Saccharose ebenfalls keinen großen Unterschied zur Referenz auf, in LB-Medium mit 136,8 mM Saccharose ist dagegen eine leichte, jedoch nicht signifikante, Erhöhung um den Faktor 1,4 zu beobachten.

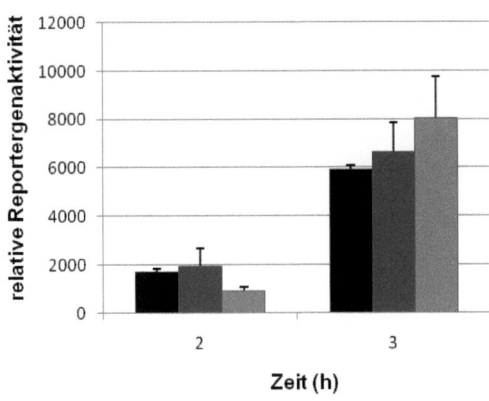

■ Referenz ■ 68,4 mM Saccharose ■ 136,8 mM Saccharose

Abbildung 4.4C: Relative Reportergenaktivität des *E. coli* Stammes MS-10 bei Inkubation in LB-Medium mit unterschiedlichen Saccharose-Konzentrationen. Die ermittelte relative Reportergenaktivität ist durch verschiedenfarbige Balken dargestellt. Standardabweichungen aus drei unabhängigen Versuchen sind durch Fehlerbalken gekennzeichnet.

Diese Resultate machen deutlich, dass eine Veränderung des osmotischen Potentials durch 136,8 mM Saccharose, im Gegensatz zu den isoosmotischen Konzentrationen an NaCl oder KCl, keinen vergleichbaren induzierenden Effekt auf die Expression von $nleA_{4795}$ bewirkt. Lediglich nach 3 h Inkubation ist eine geringe Erhöhung der $nleA_{4795}$-Expression durch 136,8 mM Saccharose zu beobachten.

4.2.4 Einwirkung von Quorum Sensing-Molekülen

4.2.4.1 Vorkonditioniertes Medium (PC-Medium)

Es ist bekannt, dass die Expression von LEE-Genen in EHEC durch das Phänomen des Quorum Sensing mittels bakterieller Autoinducer (AI), beeinflusst werden kann [Sperandio *et al.*, 1999]. Daher lag die Vermutung nahe, dass auch die Expression des Typ III Effektors NleA$_{4795}$ durch bakterielle Autoinducer beeinflusst werden könnte. Um diesen Zusammenhang zu untersuchen, wurde zunächst PC-Medium aus dem EHEC Stamm EDL933 hergestellt, welches abgegebene Autoinducer dieses Stammes enthält (siehe Abschnitt 3.2.7). Übernachtkulturen des Reporterstammes MS-10 wurden in raumtemperierten PC-Medium und LB-Medium (Referenz) verdünnt und unter Standardbedingungen inkubiert. Wie bereits beschrieben, wurden die OD$_{600}$-Werte und die relative Reportergenaktivität zu jeder Stunde bestimmt und in Abbildung 4.5A gegen die Zeit aufgetragen. Die Abbildung macht deutlich, dass die Reportergenaktivität des Reporterstammes bei Inkubation in PC-Medium im Vergleich zur Referenz insgesamt stark erhöht ist. Nach 2 h Inkubationszeit ist die Differenz der Reportergenaktivitäten mit einem Anstieg im PC-Medium um den Faktor 4,4 am höchsten. Das Wachstum des Reporterstammes ist im nährstoffärmeren PC-Medium etwas langsamer. Nach 4 h wird beispielsweise nur ein OD$_{600}$-Wert von 1,4 erreicht, im Gegensatz zu einem OD$_{600}$-Wert von 3,4 in der Referenz.

Um diese Ergebnisse genauer zu untersuchen, wurde der Versuch unter Verwendung von PC-Medium aus dem nichtpathogenen *E. coli* Stamm C600 wiederholt (Abbildung 4.5B). Auch in diesem Fall ist nach 2 h im Vergleich zur Referenz in LB-Medium eine starke Erhöhung der Reportergenaktivität bis um den Faktor 4,8 zu sehen. Allerdings fällt die Reportergenaktivität ab diesem Zeitpunkt wieder ab und sinkt nach 3 h und 4 h Inkubation unter das Niveau der Referenz.

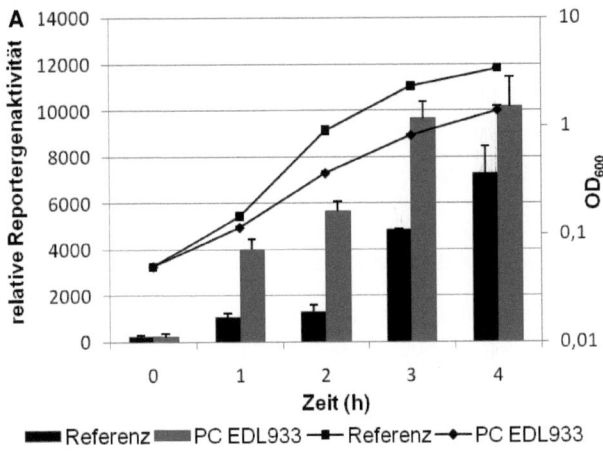

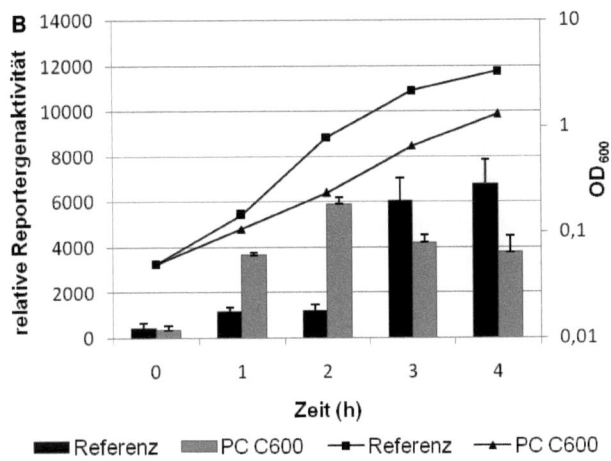

Abbildung 4.5: Relative Reportergenaktivität und Wachstumskurven des *E. coli* Stammes MS-10 bei Inkubation in LB-Medium (Referenz) und in unterschiedlichen PC-Medien. Verschiedenfarbige Balken kennzeichnen die ermittelte relative Reportergenaktivität, OD_{600}-Werte sind durch Linien und Symbole dargestellt. Die Standardabweichungen aus drei unabhängigen Versuchen sind durch Fehlerbalken gekennzeichnet. **A)** PC-Medium, produziert aus EHEC Stamm EDL933. **B)** PC-Medium produziert aus *E. coli* Stamm C600.

Aufgrund dieser Resultate lässt sich vermuten, dass die Expression von $nleA_{4795}$ sehr stark von einer oder mehreren Komponenten des PC-Mediums beeinflusst werden muss. Die Wirkung des PC-Mediums auf die $nleA_{4795}$-Expression ist dabei unabhängig davon, ob ein pathogener oder nichtpathogener *E. coli* Stamm zur Herstellung verwendet wurde.

4.2.4.2 Autoinducer-1 (AI-1): Acyl-Homoserin Lakton

Im Folgenden sollte untersucht werden, ob der im vorherigen Abschnitt gezeigte Anstieg der $nleA_{4795}$-Expression bei der Inkubation in PC-Medium durch den darin enthaltenen Autoinducer-1 verursacht wird. Dazu wurde der Reporterstamm MS-10 in LB-Medium angeimpft und 1 mM AI-1 zugesetzt. Dieser wirkt unter anderem induzierend auf die Lumineszenz von *V. fischeri*. Als Referenz diente LB-Medium ohne AI-1. Da *E. coli* vermutlich keinen AI-1 produziert [Fuqua und Greenberg, 1998], wurde in diesem Versuch der synthetisch hergestellte AI-1 der Firma Sigma verwendet. Die Bakterienkulturen wurden unter Standardbedingungen inkubiert (37°C und 180 rpm) und wie oben beschrieben prozessiert. Wie in der Abbildung 4.6A zu sehen ist, wird das Wachstum des Reporterstammes durch Zugabe von AI-1 nicht beeinflusst, beide Kurven verlaufen nahezu identisch. Auch die Reportergenaktivität erreicht in LB-Medium mit 1 mM AI-1 während der kompletten Versuchsdauer nur geringfügig höhere Werte wie die der Referenz.

Ergebnisse

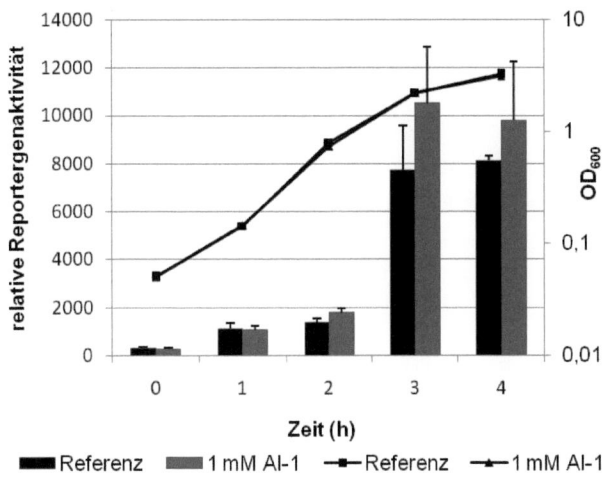

Abbildung 4.6A: Relative Reportergenaktivität und Wachstumskurven des *E. coli* Stammes MS-10 in LB-Medium ohne (Referenz) und mit 1 mM AI-1. Die verschiedenfarbigen Balken geben die ermittelte relative Reportergenaktivität an, OD_{600}-Werte sind durch Linien und Symbole gekennzeichnet. Die zugehörigen Standardabweichungen aus drei unabhängigen Versuchen sind durch Fehlerbalken dargestellt.

Demnach kann, wie bereits vermutet, durch Zusatz von AI-1 kein vergleichbarer Effekt erzielt werden, wie der in Abschnitt 4.2.4.1 gezeigte Anstieg der Reportergenaktivität durch PC-Medium.

Um die Funktionalität des verwendeten AI-1 zu testen, wurde ein Biolumineszenz-Assay mit dem marinen Bakterium *V. fischeri* durchgeführt (siehe Abschnitt 3.2.8). Der Versuch wurde einmal durchgeführt und wegen der eindeutigen Ergebnisse nicht wiederholt, da diese nur zur Überprüfung des Autoinducers dienten. Für die Durchführung des Biolumineszenz-Assays wurden Übernachtkulturen von *V. fischeri* in entsprechendem Medium verdünnt und ebenfalls 1 mM AI-1 zugegeben, als Referenz diente die Inkubation in Medium ohne Zusatz von AI-1. Die Bakterienkulturen wurden über einen Zeitverlauf von 4 h unter für den für *V. fischeri* geeigneten Bedingungen (27°C und 200 rpm) inkubiert und die OD_{600}-Werte sowie die relative Luciferaseaktivität bestimmt. Zur Messung der Luciferaseaktivität bedurfte das biolumineszierende Bakterium jedoch weder eines Zellaufschlusses noch der Zugabe eines Substrates. Die Graphik in Abbildung 4.6B zeigt, dass die Lumineszenz durch Zugabe von Al-1 schon nach 1 h Inkubation deutlich erhöht wird. Nach einer Dauer von 3 h ist Luciferaseaktivität im bereits um den Faktor 17 angestiegen. Auf das Wachstum der Bakterien scheint der Zusatz von Al-1 hingegen nur einen geringfügigen Einfluss zu haben.

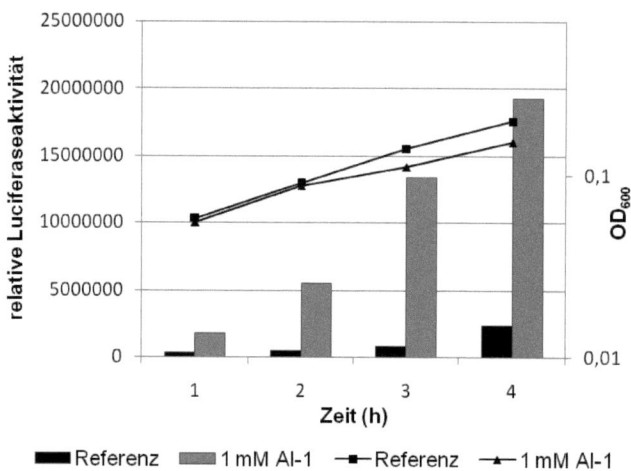

Abbildung 4.6B: Wachstumskurve und relative Luciferaseaktivität von *V. fischeri* ohne (Referenz) und mit Zugabe von 1 mM Al-1. Die ermittelte relative Luciferaseaktivität ist durch verschiedenfarbige Balken dargestellt, OD_{600}-Werte sind durch Linien und Symbole markiert. Der Versuch wurde einmal zur Überprüfung des Al-1 durchgeführt.

Diese Ergebnisse demonstrieren, dass der verwendete Autoinducer-1 im Biolumineszenz-Assay mit *V. fischeri* durchaus wirksam ist. Im Versuch mit dem *E. coli* Stamm MS-10 ist hingegen kaum ein Einfluss auf die Reportergenaktivität bzw. $nleA_{4795}$-Expression zu beobachten. Zusammengefasst lässt sich hieraus schließen, dass der in Abschnitt 4.3.2.1 gezeigte Anstieg der Expression bei Inkubation in PC-Medium nicht ausschließlich durch Al-1 verursacht werden kann.

4.2.4.3 Autoinducer-2 (AI-2): Furanosyl-Borat-Diester

In einem nächsten Schritt sollte nun untersucht werden, ob die erhöhte Expression von $nleA_{4795}$ bei Inkubation in PC-Medium durch Autoinducer-2 hervorgerufen wird. Die Bildung dieses Autoinducers ist abhängig von der Synthase LuxS [Schauder *et al.*, 2001]. Um die Wirkung von AI-2 zu untersuchen, wurden daher zunächst, wie in Abschnitt 3.2.4.1 beschrieben, das *luxS*-Gen in dem *E. coli* Stamm EDL933 deletiert. Der resultierende Stamm MS-36 wurde zur Herstellung von PC-Medium verwendet, dass folglich keinen AI-2 enthalten konnte. Zusätzlich wurde eine Deletion des *luxS*-Gens in dem Reporterstamm MS-10 erzeugt, wodurch der *E. coli* Stamm MS-16 resultierte. Hierdurch sollte erreicht werden, dass innerhalb einer Bakterienkultur dieses Reporterstammes kein AI-2 mehr gebildet werden konnte.

Für die Durchführung des Versuches wurden daraufhin Übernachtkulturen des Reporterstammes MS-10 in PC-Medium mit und ohne AI-2, sowie in LB-Medium (Referenz) verdünnt. Der neu generierte Reporterstamm MS-16 wurde ebenfalls in LB-Medium angeimpft. Die Inkubation und Messung der Bakterienkulturen erfolgte unter den bereits beschriebenen Standardbedingungen (Abschnitt 3.2.1). Wie in Abbildung 4.7 zu sehen ist, resultiert die Inkubation des Reporterstammes MS-10 sowohl in PC-Medium mit als auch ohne AI-2 in einer annähernd 4-fachen Erhöhung der Reportergenaktivität im Vergleich zur Referenz. Gleichermaßen zeigt der Reporterstamm MS-16 in LB-Medium, trotz deletiertem *luxS*-Gen, keinen Unterschied im Vergleich zur Reportergenaktivität des Referenzstammes MS-10.

Ergebnisse

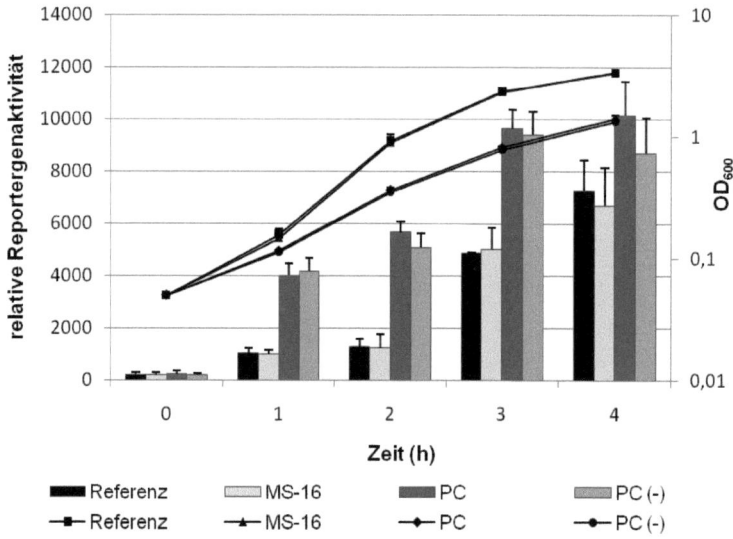

Abbildung 4.7: Relative Reportergenaktivität und Wachstumskurven des *E. coli* Stammes MS-10 in LB-Medium (Referenz), in PC-Medium (PC) mit und ohne (-) AI-2, sowie des *E. coli* Stammes MS-16 in LB-Medium. Verschiedenfarbige Balken stellen die ermittelte relative Reportergenaktivität dar, OD600-Werte sind durch Linien und Symbole markiert. Die Standardabweichungen aus drei unabhängigen Versuchen sind durch Fehlerbalken gekennzeichnet.

Die Ergebnisse zeigen zum einen, dass eine Deletion im *luxS*-Gens keinen Einfluss auf die Expression von $nleA_{4795}$ hat, und zum anderen, dass ein Anstieg der $nleA_{4795}$-Expression auch in PC-Medium ohne AI-2 erfolgt. Dadurch lässt sich schließen, dass AI-2 nicht die induzierende Komponente des PC-Mediums sein kann.

4.2.4.4 Autoinducer-3 (AI-3)/Adrenalin/Noradrenalin

Es wurde bereits gezeigt, dass die Expression von LEE-Genen durch das AI-3/Adrenalin/Noradrenalin-System induziert werden kann [Walters und Sperandio, 2006]. Diese Tatsache, sowie die Resultate der bereits untersuchten Autoinducer-1 und -2, gaben Grund zur Annahme, dass Autoinducer-3 das induzierende Agens für die erhöhte Expression von $nleA_{4795}$ im PC-Medium darstellen könnte. Da AI-3 und die im Gastrointestinaltrakt vorkommenden Hormone Adrenalin und Noradrenalin agonistisch wirken, wurde der Reporterstamm MS-10 in LB-Medium inkubiert, dem verschiedene Molaritäten an Adrenalin zugesetzt waren. Als Referenz diente LB-Medium ohne Hormonzusatz. Die Ergebnisse des Versuches sind in Abbildung 4.8 dargestellt. Es ist zu sehen, dass weder die Inkubation in LB-Medium mit 50 µM noch die mit 100 µM Adrenalin einen starken Einfluss auf die Reportergenaktivität ausüben. Im Vergleich zur Referenz ist die Reportergenaktivität ist bei beiden Adrenalin-Konzentrationen nach 3 h geringfügig erhöht, bleibt aber über den restlichen Inkubationsverlauf auf dem Niveau der Referenz.

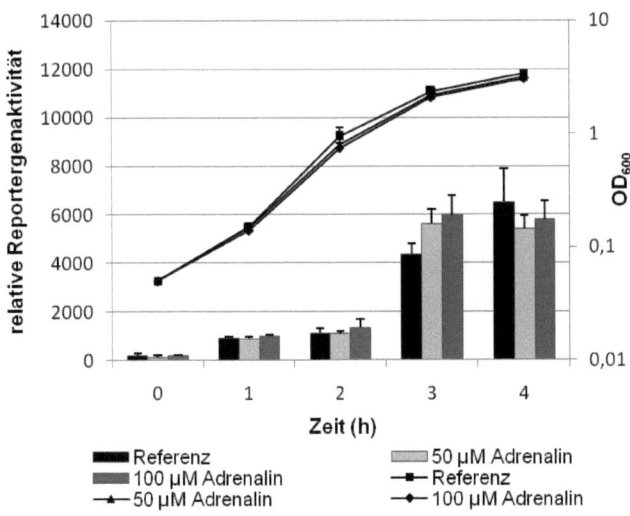

Abbildung 4.8: Relative Reportergenaktivität und Wachstumskurven des *E. coli* Stammes MS-10 in LB-Medium ohne (Referenz), LB-Medium mit 50 µM und mit 100 µM Adrenalin. Die ermittelte relative Reportergenaktivität ist durch verschiedenfarbige Balken dargestellt, OD_{600}-Werte sind durch Linien und Symbole gekennzeichnet. Standardabweichungen aus drei unabhängigen Versuchen sind durch Fehlerbalken markiert.

Zusammen mit den oben gezeigten Ergebnissen für die beiden Autoinducer-1 und -2 deuten diese Resultate darauf hin, dass die $nleA_{4795}$-Expression während der Inkubation in PC-Medium weder von Autoinducer-3, noch von einem anderen der bisher beschriebenen Autoinducer wesentlich beeinflusst wird.

4.2.5 Einfluss von vermindertem Nährstoffgehalt

In den vorangegangen Ergebnissen konnte gezeigt werden, dass die erhöhte $nleA_{4795}$-Expression in PC-Medium durch keines der bislang bekannten Quorum Sensing-Moleküle verursacht wird. Eine weitere Vermutung war daher, dass der reduzierte Nährstoffgehalt des PC-Mediums, im Vergleich zu herkömmlichem LB-Medium, für den Anstieg der $nleA_{4795}$-Expression verantwortlich sein könnte. Für eine Untersuchung dieses Zusammenhangs wurde LB-Medium in den Verdünnungen 1:2 und 1:5 hergestellt und mit der Übernachtkultur des Reporterstammes MS-10 beimpft. Die Inkubation erfolgte unter Standardbedingungen, als Referenz wurde der Reporterstamm in unverdünntem LB-Medium angeimpft. Die Messung der OD_{600}-Werte sowie die Bestimmung der relativen Reportergenaktivität erfolgte wie bereits beschrieben. In Abbildung 4.9 ist zu sehen, dass die Wachstumskurven in den verschiedenen Medien leicht unterschiedlich verlaufen. Wie zu erwarten, wächst der Reporterstamm in 1:5 verdünntem Medium am langsamsten und erreicht daher nach 4 h nur einen OD_{600}-Wert von 1,1. In 1:2 verdünntem und unverdünntem LB-Medium liegen die OD_{600}-Werte nach 4 h bei 2,3 bzw. 3,3. Bei der Inkubation in 1:2 verdünntem Medium ist nur ein geringfügiger Effekt auf die Reportergenaktivität im Vergleich zur Referenz zu beobachten. Dagegen ist die Reportergenaktivität in 1:5 verdünntem Medium nach 2 h Inkubation um den Faktor 2,8 erhöht. In der nachfolgenden Messung sinkt die Reportergenaktivität jedoch wieder auf den Wert der Referenz ab und wird nach 4 h um den Faktor 2 reduziert.

Ergebnisse

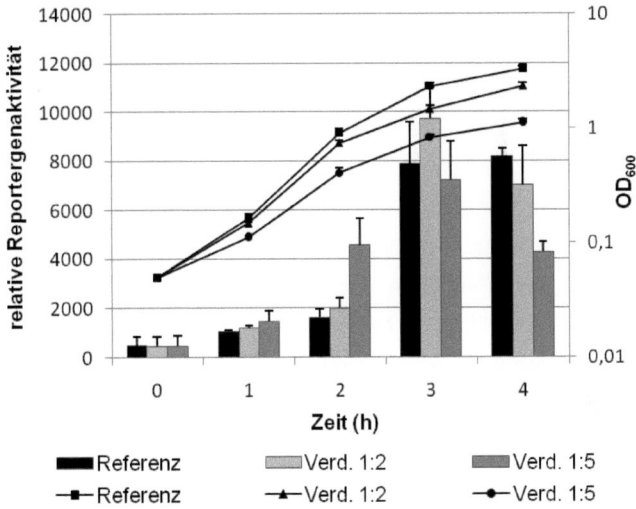

Abbildung 4.9: Relative Reportergenaktivität und Wachstumskurven des *E. coli* Stammes MS-10 in LB-Medium (Referenz), sowie in 1:2 und 1:5 verdünntem LB-Medium. Verschiedenfarbige Balken geben die ermittelte relative Reportergenaktivität an, OD_{600}-Werte sind durch Linien und Symbole dargestellt Die Standardabweichungen aus drei unabhängigen Versuchen sind durch Fehlerbalken gekennzeichnet.

Anhand dieses Ergebnisses wird deutlich, dass eine starke Reduktion des Nährstoffgehalts, zumindest in der mittleren logarithmischen Wachstumsphase, für eine erhöhte Expression von $nleA_{4795}$ verantwortlich ist. Eine leichtere Verminderung der verfügbaren Nährstoffe in 1: 2 verdünntem Medium scheint hingegen nicht auszureichen, um einen ähnlichen Effekt zu erzielen.

4.2.6 Einfluss von Norfloxacin

Die Expression von Shiga Toxin-konvertierenden Bakteriophagen kann in STEC unter anderem durch die Behandlung mit Antibiotika induziert werden [Matsushiro et al., 1999; Kimmitt et al., 2000]. Da die kodierende Sequenz für $NleA_{4795}$ am Ende der späten regulatorischen Region des Stx1-Phagens BP-4795 lokalisiert ist, sollte im Folgenden untersucht werden, ob die $nleA_{4795}$-Expression ebenfalls durch Zugabe von Antibiotika beeinflusst wird. Dazu wurde zunächst die Antibiotika vermittelte Induktion des Phagen BP-4795 im Reporterstamm MS-10 mit Hilfe eines Enzym Immuno-Assays (ProspecT® STEC Microplate Assay, Remel) überprüft. Der Versuch wurde einmal durchgeführt und nicht wiederholt, da hierdurch nur die Funktionalität des Systems bzw. des Bakteriophagens überprüft werden sollte.

Eine Übernachtkultur des Reporterstammes wurde in LB-Medium verdünnt und unter Standardbedingungen bis zu einem OD_{600}-Wert von annähernd 0,6 inkubiert. Anschließend erfolgte die Induktion des Phagens durch das Gyrase-hemmende Antibiotikum Norfloxacin (NFLX) mit einer Endkonzentration von 200 ng/ml. Diese Konzentration wurde in E. coli O157:H7 Stamm EDL933 bereits als optimal für die Stx-Induktion bestimmt, da sie knapp unterhalb der minimalen Hemmkonzentration (MHK) liegt [Herold et al., 2005]. Zur Kontrolle wurde eine Bakterienkultur ohne Antibiotikum angesetzt. Zum Zeitpunkt der Induktion (0 h), sowie 2 h und 4 h nach der Induktion wurde anschließend die Präsenz von Stx in den Bakterienkulturen mit und ohne Antibiotikum bestimmt. Um eine umfassende Aussage über die Stx-Expression machen zu können, wurde bei jedem Messpunkt die durch Zentrifugation gewonnen Bakterienpellets sowie die zugehörigen Kulturüberstände untersucht. In Abbildung 4.10A sind die gemessenen Werte für die optische Dichte bei 450 nm (OD_{450}) gegen die Inkubationszeit aufgetragen, wobei erst ein Wert über 0,5 eine eindeutige Präsenz von Stx anzeigt. Wie zu erwarten, bewegen sich die OD_{450}-Werte zum Induktionszeitpunkt noch knapp unterhalb des kritischen Wertes von 0,5 und zeigen keine nennenswerten Unterschiede. Im Gegensatz dazu ist sowohl zum Zeitpunkt 2 h, als auch zum Zeitpunkt 4 h nach der Induktion mit OD_{450}-Werte, von bis zu 3,6 eine deutliche Präsenz von Stx in den induzierten Proben zu verzeichnen. Die jeweiligen Kontrollen ohne Antibiotikum zeigen mit OD_{450}-Werten unter, bzw. nach 4 h, knapp über 0,5 keine eindeutige Präsenz des Toxins an.

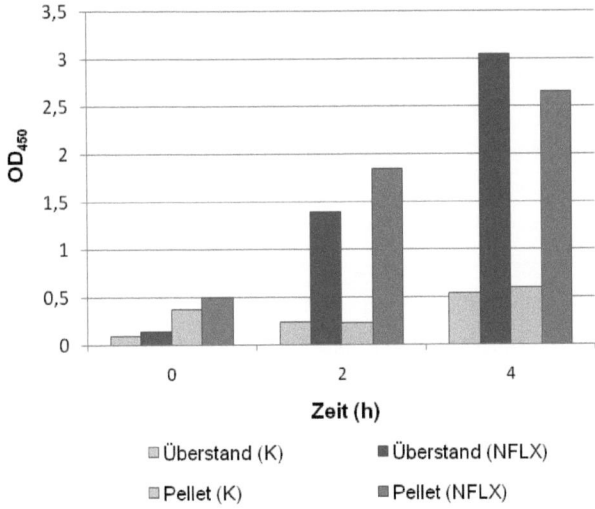

Abbildung 4.10A: Enzym Immuno-Assay zum Nachweis der Stx1-Freissetzung in *E. coli* Stamm MS-10 durch Behandlung mit Norfloxacin (200 ng/ml). Die Balken in verschiedenen Farben stellen die Präsenz von Stx1 in den Kontrollen (K) sowie den induzierten Proben (NFLX) in Pellet und Kulturüberstand dar. Der Versuch wurde 1 x zur Überprüfung durchgeführt.

Anhand dieser Resultate kann Stx-Bildung bzw. die Induktion des Stx1-konvertierenden Phagen BP-4795 im Reporterstamm MS-10 durch Norfloxacin bestätigt werden. Die Präsenz von Stx ist nicht nur in den Überständen der Bakterienkulturen, sondern auch in den Bakterienpellets deutlich erhöht.

Um einen eventuellen Zusammenhang zwischen der Phageninduktion und der Expression von *nleA*$_{4795}$ zu untersuchen, wurde in einem identischen Versuch die Reportergenaktivität des Stammes MS-10 bestimmt. Nach dem Erreichen eines OD_{600}-Wertes von annähernd 0,6 wurden die Bakterienkulturen jedoch mit verschiedenen Norfloxacinkonzentrationen induziert. Zusätzlich zu der oben verwendeten Endkonzentration von 200 ng/ml wurden Konzentrationen von

250 ng/ml und 400 ng/ml eingesetzt, wobei 250 ng/ml der für den *E. coli* O157:H7 Stamm EDL933 ermittelten MHK entspricht [Herold *et al.*, 2005]. Niedrigere Konzentrationen als 200 ng/ml konnten nicht eingesetzt werden, da die geringeren Mengen an Norfloxacin zu einer Ausbildung von Zellaggregationen innerhalb der Bakterienkultur führten und daher eine weitere Verwendung zur Messung der Reportergenaktivität nicht möglich war. Als Referenz diente ebenfalls eine Bakterienkultur ohne Antibiotikum. Nach der Induktion wurden die verschiedenen Kulturen wie beschrieben prozessiert, die relative Reportergenaktivität und die Wachstumskurven sind in Abbildung 4.10B zu sehen. Im Gegensatz zu den Ergebnissen des Enzym Immuno-Assays ist nach der Induktion durch Norfloxacin jedoch keine Erhöhung der Reportergenaktivität zu beobachten. Die Behandlung mit Norfloxacin zeigt während der kompletten Inkubationsdauer eine stark repressive Wirkung auf die Reportergenaktivität, unabhängig von der verwendeten Konzentration des Antibiotikums. Am stärksten ist der repressive Einfluss von Norfloxacin 2 h nach der Induktion mit 400 ng/ml, hier ist die Reportergenaktivität im Vergleich zur Referenz um den Faktor 7 reduziert.

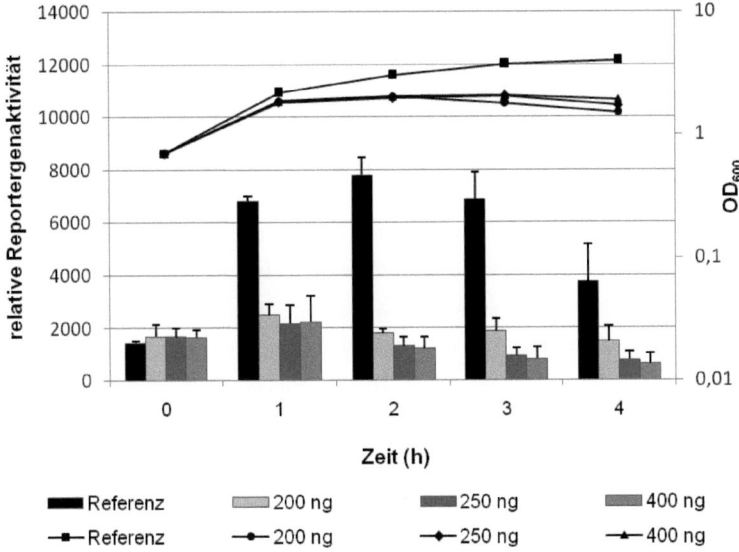

Abbildung 4.10B: Relative Reportergenaktivität und Wachstumskurven des *E. coli* Stammes MS-10 in LB-Medium (Referenz), sowie in LB-Medium unter Zusatz von 200 ng, 250 ng und 400 ng Norflocaxin. Verschiedenfarbige Balken kennzeichnen die ermittelte relative Reportergenaktivität, OD_{600}-Werte sind durch Linien und Symbole gekennzeichnet. Die Standardabweichungen aus drei unabhängigen Versuchen sind durch Fehlerbalken markiert.

Obwohl die antibiotikabedingte Induktion des Phagen BP-4795 eindeutig durch einen Enzym Immuno-Assay nachgewiesen werden konnte, demonstrieren diese Ergebnisse, dass im Gegensatz zur stx_1-Expression, die Expression von $nleA_{4795}$ durch Behandlung mit Norfloxacin nicht induziert, sondern reprimiert wird.

Ergebnisse

4.3 Untersuchungen zur Regulation von $nleA_{4795}$

4.3.1 Einfluss positiver Regulatoren

4.3.1.1 LEE-encoded regulator (Ler)

Die Expression von Typ III Effektoren wird durch den positiven Regulator Ler gesteuert [Friedberg et al., 1999; Elliott et al., 2000]. Daher lag die Vermutung nahe, dass die Expression von $nleA_{4795}$ ebenfalls im Regulationskreis des globalen LEE-Regulators liegen könnte. Um diesen möglichen Zusammenhang zu untersuchen, wurden zusätzlich zum bisher verwendeten E. coli Stamm MS-10 die Reporterstämme MS-11 und MS-11/pCM1 eingesetzt, in denen das ler-Gen deletiert bzw. komplementiert worden war. Die Übernachtkulturen wurden in frischem LB-Medium verdünnt und unter Standardbedingungen über einen Zeitraum von 4 h inkubiert. Wie bereits beschrieben, wurden zu jeder Stunde die OD_{600}-Werte gemessen und die relative Reportergenaktivität bestimmt. Wie in Abbildung 4.11 zu sehen, verlaufen die Wachstumskurven der drei Reporterstämme sehr ähnlich, in der Reportergenaktivität sind jedoch große Unterschiede zu beobachten. Die Deletion des ler-Gens in Stamm MS-11 führt zu einer deutlichen Reduktion der Reportergenaktivität im Vergleich zum Referenzstamm MS-10. Die größte Differenz ist, abgesehen vom Zeitpunkt des Animpfens (0 h), in der späten logarithmischen Phase (4 h) zu sehen. Hier ist die Reportergenaktivität des Stammes MS-11 um den Faktor 3,9 vermindert. Im Gegensatz dazu zeigt die Komplementation der ler-Deletion in Stamm MS-11/pCM1 nach 4 h nicht nur eine Kompensation, sondern eine 1,5-fache Steigerung der Reportergenaktivität über das Niveau des Referenzstammes hinaus. In der mittleren logarithmischen Wachstumsphase (2 h) ist die Reportergenaktivität des Stammes MS-11/pCM1 mit einem 6,5-fachen Anstieg am deutlichsten erhöht.

Ergebnisse

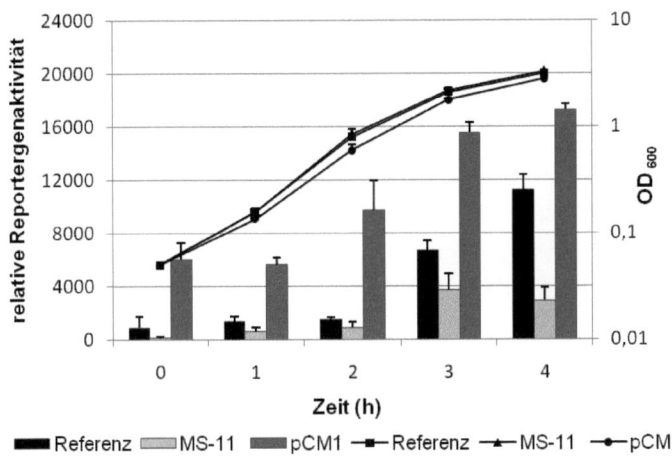

Abbildung 4.11: Relative Reportergenaktivitäten und Wachstumskurven der Reporterstämme MS-10 (Referenz), MS-11 und MS-11/pCM1 (pCM1), inkubiert in LB-Medium. Die verschiedenfarbigen Balken stellen die ermittelten relativen Reportergenaktivitäten dar, OD_{600}-Werte sind durch Linien und Symbole markiert. Die Standardabweichungen aus 3 unterschiedlichen Versuchen sind durch Fehlerbalken gekennzeichnet.

Diese Ergebnisse erbringen einen eindeutigen Beweis dafür, dass der Regulator Ler einen starken positiv regulatorischen Einfluss auf die Expression von $nleA_{4795}$ ausübt.

Aufgrund des starken regulatorischen Einflusses von Ler auf die Expression von $nleA_{4795}$ sollte zudem untersucht werden, ob die in Abschnitt 4.2 gezeigte Erhöhung der $nleA_{4795}$-Expression unter bestimmten Umweltbedingungen ebenfalls durch eine Hochregulation von Ler vermittelt wird. Dazu wurden die oben gezeigten Versuche in LB-Medium mit 0,4% NaCl oder in verdünntem LB-Medium Versuche unter Verwendung des Reporterstammes MS-11 wiederholt. Die Graphik in Abbildung 4.12 zeigt den Wachstumsverlauf und die Reportergenaktivität für die Zeitpunkte 2 h bis 4 h. Wie zu erwarten, ist die Reportergenaktivität in allen Medien durch das deletierte *ler*-Gen auf einem deutlich geringeren Niveau als in den vergleichbaren Versuchen mit dem *E. coli* Stamm MS-10 (siehe Abschnitte 4.2.1 und 4.2.4). Jedoch zeigt die

Inkubation des Reporterstammes MS-11 in LB-Medium mit 0,4% NaCl über die komplette Inkubationsdauer eine erhöhte Reportergenaktivität, verglichen mit der Referenz in LB-Medium. Nach 3 h ist die größte Differenz, ein Anstieg um den Faktor 2,4, zu beobachten. Die Inkubation des Reporterstammes in 1:5 verdünntem LB-Medium führt nach 2 h zu einem 2,6-fachen Anstieg der Reportergenaktivität. An den nachfolgenden Messpunkten nach 3 h und 4 h ist jedoch kein bedeutender Unterschied zur Reportergenaktivität der Referenz mehr zu sehen.

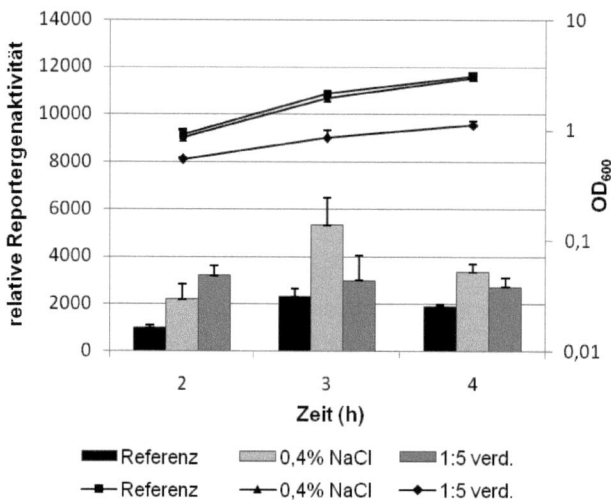

Abbildung 4.12: Relative Reportergenaktivität und Wachstumsverlauf des *E. coli* Stammes MS-11 bei Inkubation in LB-Medium (Referenz), LB-Medium mit 0,4% NaCl und in 1:5 verdünntem LB-Medium. Die ermittelte relative Reportergenaktivität ist durch verschiedenfarbige Balken, die OD_{600}-Werte durch Linien und Symbole dargestellt. Standardabweichungen aus drei unabhängigen Versuchen sind durch Fehlerbalken markiert.

Diese Ergebnisse demonstrieren eindeutig, dass die *nleA*$_{4795}$–Expression auch in einem Reporterstamm mit deletiertem *ler*-Gen durch bestimmte Umweltbedingungen beeinflusst werden kann. Dieser Wirkungsweg muss demnach unabhängig vom globalen Regulator Ler sein.

4.3.1.2 Global Regulator of LEE-Activator (GrlA)

Ausgehend von den Resultaten der vorangegangenen Versuche sollte nun die Abhängigkeit der $nleA_{4795}$-Expression von einem weiteren LEE-kodierten Regulator untersucht werden. Hierzu wurde in dem Reporterstamm MS-10 eine zusätzliche Deletion im *grlA*-Gen erzeugt und nachfolgend komplementiert. Dies resultierte in den Reporterstämmen MS-12 und MS-12/pCM2. Der Versuchsablauf erfolgte wie bereits beschrieben, die relative Reporteraktivität der beiden neu generierten Stämme wurde mit dem Referenzstamm MS-10 verglichen. In Abbildung 4.13A ist zu sehen, dass die Wachstumskurven der verschiedenen Reporterstämme nahezu identisch verlaufen. Die größten Unterschiede in der Reportergenaktivität sind in der späten logarithmischen Phase (4 h) zu erkennen. Hier führt die Deletion des *grlA*-Gens in Stamm MS-12 zu einer 2,1-fachen Reduktion der Reportergenaktivität. Der komplementierte Reporterstamm MS-12/pCM2 zeigt dagegen wieder eine Erhöhung der Reportergenaktivität auf die Ebene der Referenz.

Ergebnisse

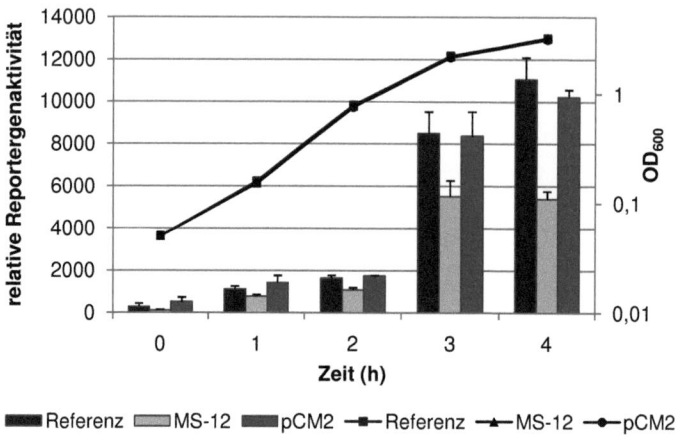

■ Referenz ▭ MS-12 ■ pCM2 —■— Referenz —▲— MS-12 —●— pCM2

Abbildung 4.13A: Relative Reportergenaktivitäten und Wachstumskurven der Reporterstämme MS-10 (Referenz), MS-12, und MS-12/pCM2 (pCM2), inkubiert in LB-Medium. Verschiedenfarbige Balken kennzeichnen die ermittelten relativen Reportergenaktivitäten, OD_{600}-Werte sind durch Linien und Symbole dargestellt. Die Standardabweichungen aus drei unabhängigen Versuchen sind durch Fehlerbalken gekennzeichnet.

Anders als in den vergleichbaren Versuchen mit *ler* (Abschnitt 4.3.1.1), zeigt die Komplementation von *grlA* jedoch keinen Anstieg der Reportergenaktivität über die Ebene der Referenz hinaus. Dennoch demonstrieren diese Ergebnisse, dass auch der LEE-kodierte Regulator GrlA einen positiven Einfluss auf die $nleA_{4795}$-Expression ausübt.

Da von Barba *et al.* [2005] beschrieben wurde, dass die beiden Regulatoren Ler und GrlA gegenseitig ihre Expression durch einen positiven Regulationskreis beeinflussen, sollte dieser Zusammenhang nun in Bezug auf die $nleA_{4795}$-Expression untersucht werden. Dafür wurde der Reporterstamm MS-1112 erzeugt, der Deletionen im *ler*- und im *grlA*-Gen enthielt. Der neu generierte Stamm wurde anschließend mit dem Referenzstamm MS-10 sowie den oben beschriebenen Stämmen MS-11 und MS-12 unter Standardbedingungen verglichen. In

Abbildung 4.13B sind die relativen Reportergenaktivitäten der verschiedenen Stämme nach einer Inkubationsdauer von 4 h dargestellt, da in den bisherigen Versuchen zu diesem Zeitpunkt die deutlichsten Unterschiede sichtbar waren. Die Stämme MS-11 und MS-12, mit deletiertem *ler-* bzw. *grlA*-Gen wie erwartet eine Reduktion der Reportergenaktivität, wobei die *ler*-Deletion den stärkeren Effekt ausübt. Die Deletion beider Gene in Stamm MS-1112 resultiert ebenfalls in einer Reduktion der Reportergenaktivität. Diese ist mit einer Absenkung um den Faktor 4, identisch zu der erhaltenen Reportergenaktivität des Stammes MS-11.

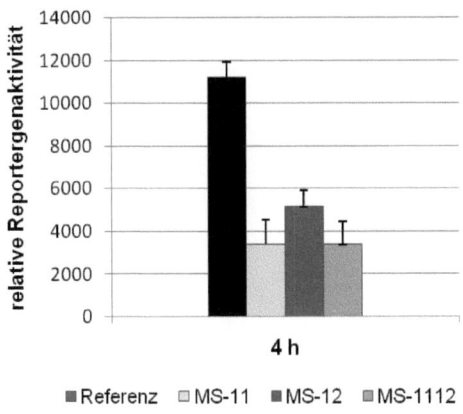

Abbildung 4.13B: Relative Reportergenaktivitäten der *E. coli* Stämme MS-10 (Referenz), MS-11, MS-12 und MS-1112, nach 4 h Inkubation in LB-Medium. Die ermittelten relativen Reportergenaktivitäten sind durch verschiedenfarbige Balken dargestellt, Standardabweichungen aus drei unabhängigen Versuchen sind durch Fehlerbalken markiert.

Hieraus wird zum einen nochmals deutlich, dass Ler einen stärkeren regulatorischen Einfluss auf die *nleA$_{4795}$*-Expression ausübt als GrlA. Des Weiteren gibt es offenbar keinen synergistischen Effekt der beiden Regulatoren, da sowohl eine Deletion im *ler*-Gen als auch die Deletion der beiden Regulatorgene *ler* und *grlA* eine 4-fache Reduktion der *nleA$_{4795}$*-Expression bewirkt.

4.3.1.3 PerC-Homolog (Pch)

Da in den vorangegangenen Versuchen die Abhängigkeit der $nleA_{4795}$-Expression von LEE-kodierten Regulatoren untersucht und bestätig wurde, sollte im Folgenden der Einfluss der außerhalb des LEE kodierten Pch-Regulatoren analysiert werden. Dafür wurden zunächst weitere Gen-Deletionen im Reporterstamm MS-10 erzeugt. Zuerst wurde die kodierende Sequenz für den Regulator PchA deletiert, woraus der *E. coli* Stamm MS-13 resultierte. Im Anschluss daran wurde ein weiteres *pch*-Gen deletiert, wobei die Oligonukleotide für die Rekombination so gewählt wurden, dass eine Deletion von *pchA*, *pchB* oder *pchC* erfolgen konnte. Der generierte Reporterstamm erhielt die Bezeichnung MS-1313. Wie in den vorangegangenen Versuchen wurde die *pchA*-Deletion in dem *E. coli* Stamm MS-13 nachfolgend durch Transformation des Vektors pCM3 komplementiert. Übernachtkulturen der erzeugten Reporterstämme sowie des Referenzstammes MS-10 wurden in LB-Medium verdünnt und wie bereits beschrieben prozessiert. Die Wachstumskurven und die relativen Reportergenaktivitäten sind in Abbildung 4.14 dargestellt. Wie zu erwarten verlaufen die Wachstumskurven der unterschiedlichen Reporterstämme sehr ähnlich. Der Reporterstamm MS-13 zeigt zudem über den kompletten Versuchsverlauf im Vergleich zur Referenz keine Unterschiede in der Reportergenaktivität. Im Gegensatz dazu ist durch die Deletion eines zusätzlichen *pch*-Genes in Stamm MS-1313 schon nach 2 h ein Rückgang der Reportergenaktivität um den Faktor 1,7 und in der späten logarithmischen Phase (4 h) eine 2,8-fache Reduktion zu beobachten. Interessanterweise reicht die leichte Überexpression des *pchA*-Gens in Reporterstamm MS-13/pCM3 aus, um die Reportergenaktivität nach 4 h um den Faktor 1,7 zu erhöhen.

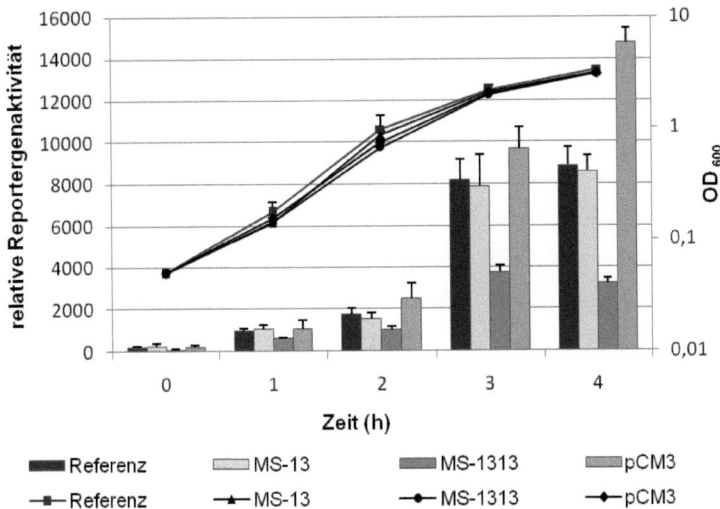

Abbildung 4.14: Reportergenaktivitäten und Wachstumskurven der Reporterstämme MS-10 (Referenz), MS-13, MS-1313 und MS-13/pCM3 (pCM3), inkubiert in LB-Medium. Verschiedenfarbige Balken stellen die ermittelte relative Lumineszenz dar, OD_{600}-Werte sind durch Linien und Symbole markiert. Die Standardabweichungen aus drei unabhängigen Versuchen sind durch Fehlerbalken dargestellt.

Aus diesen Resultaten wird daher ersichtlich, dass die $nleA_{4795}$-Expression auch von den nicht-LEE kodierten Pch-Regulatoren positiv beeinflusst wird. Dabei scheint die Addition eines PchA-Regulators einen stärkeren Effekt zu haben als die einfache Deletion im *pchA*-Gen.

4.3.2 Bindung der Regulatorproteine an die Promotoregion von $nleA_{4795}$

In den vorangegangen Versuchen konnte gezeigt werden, dass die Expression von $nleA_{4795}$ von den positiven Regulatoren Ler, GrlA und Pch abhängig ist. Daher sollte nun untersucht werden, ob diese Regulatoren möglicherweise direkt an die Promotorregion von $nleA_{4795}$ binden und somit die Transkription beeinflussen können. Zu diesem Zweck wurden zunächst die verschiedenen Regulatorproteine mit Hilfe eines His-Tags markiert, exprimiert und aufgereinigt (beschrieben in den Abschnitten 3.2.5.1 und 3.2.5.2). Für die Untersuchung der eventuellen Bindung der Regulatoren an die $nleA_{4795}$-Promotorregion wurden Electrophoretic Mobility Shift Assays (EMSA) etabliert und durchgeführt (siehe Abschnitt 3.2.5.5).

4.3.2.1 Expression und Aufreingung von Ler, GrlA und PchA

Die Proteinexpression erfolgte mit Hilfe des Expressionstammes BL21, in den die Plasmide pET-*ler*-his, pET-*grlA*-his, oder pET-*pchA*-his (Tabelle 3.3) transformiert wurden. Übernachtkulturen der Transformanten wurden in frischem Medium verdünnt und unter Standardbedingungen bis zu einem OD_{600}-Wert von annähernd 0,6 inkubiert (siehe Abschnitt 3.2.5.2). Anschließend wurde die Expression der Proteine durch IPTG induziert und die Kulturen zur Proteinexpression für 4 h unter den entsprechenden Bedingungen inkubiert. Die Bakterienzellen wurden durch Zentrifugation vom Medium getrennt und bei -20 °C eingefroren. Im Anschluss daran wurden die Zellen lysiert und die Proteine unter denaturierenden Bedingungen mit Hilfe von „Ni-NTA spin columns" (Qiagen) aufgereinigt. Proteinexpression und die Proteinaufreinigung der Proteine wurden nachfolgend mittels SDS-PAGE überprüft. Auf den Gelbildern in Abbildung 4.15 sind jeweils die Überstände der Zelllysate nach beendeter Proteinexpression, mit und ohne IPTG-Induktion, sowie das aufgereinigte Proteineluat aufgetragen. Da alle 3 Regulatorproteine zwischen 15 und 16 kDa groß sind, ist in diesem Bereich bei den mit IPTG induzierten Zelllysaten sowie bei den Proteineluaten deutlich eine starke Bande zu sehen. Im aufgetragenen Zelllysat der Kontrolle ohne IPTG ist diese Bande erwartungsgemäß jeweils nicht so stark ausgeprägt. Bei den aufgetragenen Proteineluaten von GrlA und PchA sind zusätzlich leichte unspezifische Banden im oberen Bereich zu sehen, diese sind aber

Ergebnisse

aufgrund der Intensität der entsprechenden Bande für das Regulatorprotein und der damit verbundenen hohen Proteinkonzentration zu vernachlässigen. Die Identität der einzelnen Proteine wurde zudem durch eine nachfolgend durchgeführte massenspektrometrische Analyse bestätigt. Die MALDI-TOF-Resultate sind im Anhang (Abschnitt A10) zu finden.

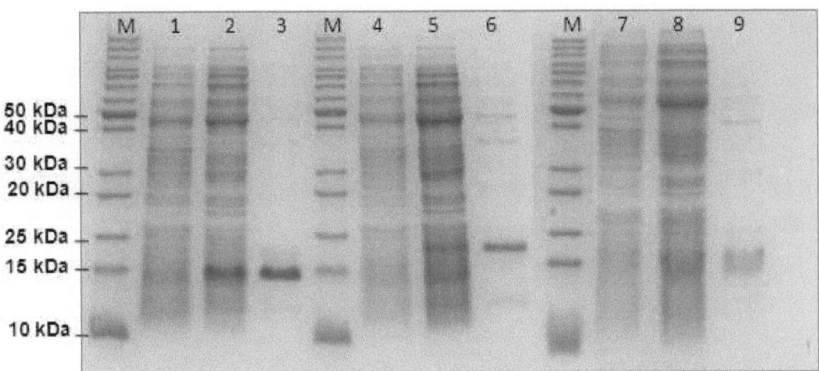

Abbildung 4.15: SDS-PAGE zur Überprüfung von Proteinexpression und Proteinaufreinigung, angefärbt mit kolloidalem Coomassie. M: Prestained Protein Ladder; 1: Überstand Zelllysat von BL21/pET-*ler*-his (Kontrolle); 2: Überstand Zelllysat von BL21/pET-*ler*-his induziert mit IPTG; 3: aufgereinigtes Ler-Protein; 4: Überstand Zelllysat von BL21/pET-*grlA*-his (Kontrolle); 5: Überstand Zelllysat von BL21/pET-*grlA*-his induziert mit IPTG; 6: aufgereinigtes GrlA-Protein; 7: Überstand Zelllysat von BL21/pET-*pchA*-his (Kontrolle); 8: Überstand Zelllysat von BL21/pET-*pchA*-his induziert mit IPTG; 9: aufgereinigtes PchA-Protein.

4.3.2.2 Bindeeigenschaften von Ler, GrlA und PchA

Für die Durchführung der EMSAs wurden die in Abschnitt 4.3.2.1 gezeigten Proteineluate zunächst renaturiert, um die bei der Aufreinigung zerstörten Tertiär- und Quartiärstrukturen wieder herzustellen und somit eine DNA-Bindung zu ermöglichen. Für die Untersuchung der Bindung an die $nleA_{4795}$-Promotorregion, wurden zudem DNA-Fragmente von unterschiedlicher Größe und Position, bezogen auf das $nleA_{4795}$-Startcodon, generiert (siehe Abbildung 4.16). Da der Transkriptionsstart für $nleA_{4795}$ bisher noch nicht beschrieben wurde, sind die verschiedenen DNA-Fragmente entsprechend ihrer Position gegenüber dem $nleA_{4795}$-Startcodon bezeichnet. Dabei kennzeichnen Ziffern mit negativen Vorzeichen die Nukleotidsequenzen stromaufwärts, und Ziffern mit positiven Vorzeichen die Sequenzen stromabwärts des Startcodons. Als Negativkontrolle (NK) wurde eine 400 bp große Sequenz aus dem offenen Leserahmen von $nleA_{4795}$ verwendet.

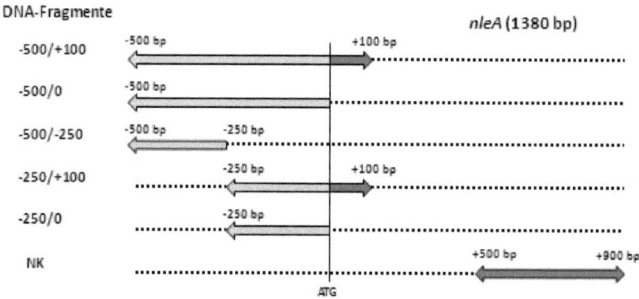

Abbildung 4.16: Schematische Darstellung der verschiedenen für die EMSAs verwendeten DNA-Fragmente. Die Pfeile in hellgrau kennzeichnen Basenpaare (bp) stromaufwärts des Startcodons von $nleA_{4795}$, die dunkelgrauen Pfeile markieren die bp stromabwärts des Startcodons. Die Bezeichnung der Fragmente erfolgte entsprechend ihrer Position, stromaufwärts des Startcodons liegende Basenpaare sind mit einem -, stromabwärtsliegende mit einem + gekennzeichnet.

Ergebnisse

Um die optimale Proteinkonzentration für die Bindung des Regulatorproteins Ler an die $nleA_{4795}$-Promotorregion zu bestimmen wurde zunächst nur das größte DNA-Fragment eingesetzt. Dazu wurden jeweils 100 ng des DNA-Fragmentes -500/+100 mit steigenden Konzentrationen von Ler (100 bis 1200 ng) unter den erprobten proteinspezifischen Bindebedingungen inkubiert und anschließend elektrophoretisch aufgetrennt (siehe Abbildung. 4.17A, Bahnen 1 – 7). Auf dem Gelbild sind bei nahezu allen Proben deutlich zweifache Bandenverschiebungen zu erkennen, die durch Bindung des Proteins an die DNA entstanden sind. Mit einer Proteinkonzentration von 800 ng Ler konnte dabei die deutlichste Bandenverschiebung und damit die stärkste DNA-Bindung erzielt werden (Abbildung 4.17A, Bahn 5). Der Einsatz von höheren Proteinkonzentrationen konnte die DNA-Bindung nicht weiter verstärken (Abbildung 4.17A, Bahnen 6 - 7) und führte in einigen Fällen zu einer Aggregation des Protein/DNA-Gemisches. Wie in Abschnitt 3.2.5.5 beschrieben wurde zudem eine Kontrolle mit unspezifischen DNA-Polymeren mitgeführt (Abbildung 4.17A, Bahn 8). Auch bei Kontrolle ist auf dem Gelbild eine deutliche Bandenverschiebung zu erkennen und somit eine spezifische Bindung von Ler an das DNA-Fragment -500/+100 demonstriert.

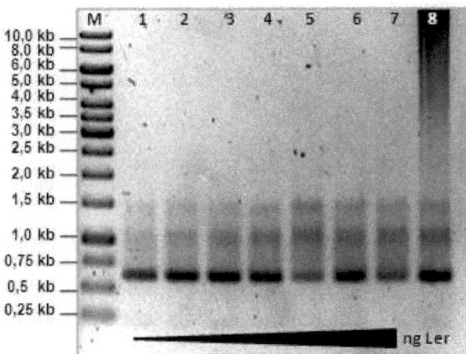

Abbildung 4.17A: EMSA mit je 100 ng DNA-Fragment -500/+100 und steigenden Proteinkonzentrationen, nach elektrophoretischer Auftrennung auf einem 0,8%igen Agarosegel und Färbung in Ethidiumbromid. M. 1 kb DNA-Ladder; 1: 100 ng Ler; 2: 200 ng Ler; 3: 400 ng Ler, 4: 600 ng Ler; 5: 800 ng Ler; 6: 1000 ng Ler; 7: 1200 ng Ler; 8: 800 ng Ler + Poly-(d(I-C)).

Unter Verwendung der ermittelten optimalen Proteinkonzentration für die DNA-Bindung von Ler wurden anschließend EMSAs mit den in Abbildung 4.16 dargestellten DNA-Fragmenten durchgeführt, um die Bindungsstelle von Ler genauer zu charakterisieren. In Abbildung 4.17B ist das Ergebnis eines solchen EMSAs dargestellt. Auf dem Agarosegel sind bei nahezu allen verwendeten Fragmenten Verschiebungen der DNA-Banden zu erkennen, jedoch unterscheiden sich diese hinsichtlich ihrer Art und Intensität. Bei den beiden größten Fragmente -500/+100 und -500/0 verursacht die Protein/DNA-Bindung sehr deutliche und klare Bandenverschiebungen, die oberhalb der erwarteten Bande für die ungebundene DNA in zwei verschobenen Banden resultieren (Abbildung 4.17B, Bahnen 1 und 3). Auch bei den kleineren Fragmenten -250/+100 und -250/0 führt die Bindung von Ler zu einer sehr deutlichen Bandenverschiebung, jedoch ist hier keine weitere Bande für eine zweite Verschiebung zu erkennen (Abbildung 4.17B, Bahnen 7 und 9). An das DNA- Fragment -250/0 ist die Bindung von Ler derart intensiv, dass hier nur noch eine sehr schwache Bande für die ungebundene DNA zu sehen ist. Das DNA-Fragment -500/-250 weist dagegen das schwächste Signal für eine Bandenverschiebung auf (Abbildung 4.17B, Bahn 5). In der Negativkontrolle ist wie zu erwarten ist keine Bandenverschiebung sichtbar (Abbildung 4.17B, Bahn 11).

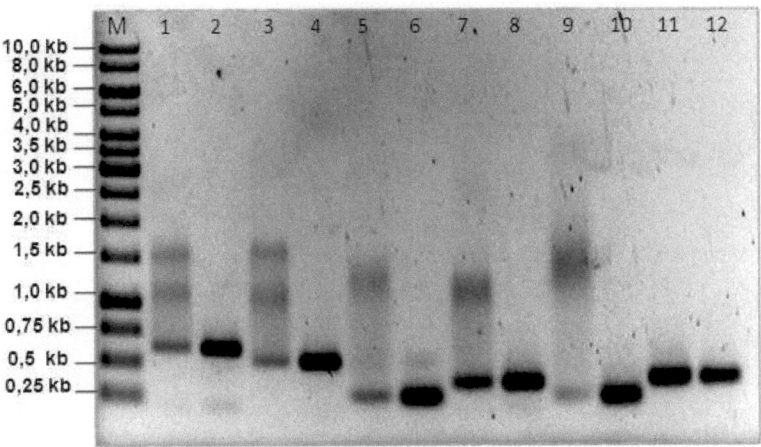

Abbildung 4.17B: EMSA mit 800 ng Ler und verschiedenen DNA-Fragmenten (je 100 ng) nach elektrophoretischer Auftrennung auf einem 0,8%igen Agarosegel und Anfärbung in Ethidiumbromid. M: 1 kb DNA-Ladder; 1: Fragment -500/+100 mit Protein; 2: Fragment -500/+100 ohne Protein; 3: Fragment -500/0 mit Protein, 4: Fragment -500/0 ohne Protein; 5: Fragment -500/-250 mit Protein; 6: Fragment -500/-250 ohne Protein; 7: Fragment -250/+100 mit Protein; 8: Fragment -250/100 ohne Protein; 9: Fragment -250/0 mit Protein; 10: Fragment -250/0 ohne Protein; 11: Negativkontrolle mit Protein; 12: Negativkontrolle ohne Protein.

Diese Resultate demonstrieren, dass der Regulator Ler spezifisch an unterschiedliche Bereiche innerhalb einer Region zwischen 500 bp stromaufwärts und 100 bp stromabwärts des Startcodons von $nleA_{4795}$ bindet.

Für die EMSAs mit den Proteinen GrlA und PchA wurde ebenfalls zunächst die optimale Proteinkonzentration unter den proteinspezifischen Bedingungen bestimmt (Abschnitt 3.2.5.5). Da beide Proteine ähnliche Ergebnisse zeigten, ist in Abbildung 4.18A das Ergebnis eines EMSAs exemplarisch für GrlA mit je 200 ng DNA-Fragment -500/+100 und steigenden Proteinkonzentrationen (100 ng bis 500 ng) dargestellt. Dabei ist zu sehen, dass erst ab einer Konzentration von 300 ng GrlA Bandenverschiebungen erzielt werden (Abbildung 4.18A, Bahnen 3 – 5). Eine Proteinkonzentration von 400 ng wurde daher als optimal für die Bindung an die DNA befunden. Die Verschiebung der DNA-Banden ist hier jedoch deutlich größer als die durch Ler erzielte und führt in den Bahnen 4 und 5 dazu, dass keine ungebundene DNA mehr zu erkennen ist. Jedoch kann in der Kontrollprobe mit unspezifischen DNA-Polymeren keine Bandenverschiebung mehr beobachtet werden (Abbildung 4.18A, Bahn 6).

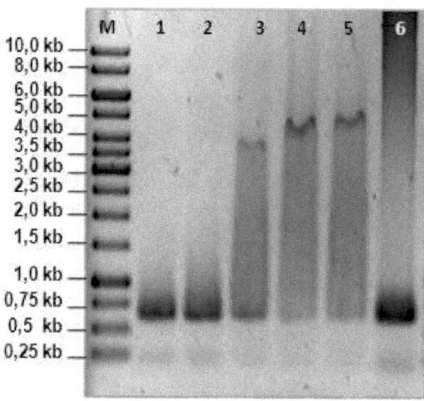

Abbildung 4.18A: EMSA mit je 200 ng DNA-Fragment -500/+100 und steigenden Proteinkonzentrationen, nach elektrophoretischer Auftrennung auf einem 0,7%igen Agarosegel und Färbung in Ethidiumbromid. M. 1 kb DNA-Ladder; 1: 100 ng GrlA; 2: 200 ng GrlA; 3: 300 ng GrlA, 4: 400 ng GrlA; 5: 500 ng GrlA; 6: 400 ng GrlA + Poly-(d(I-C)).

Nach der Bestimmung der optimalen Proteinkonzentrationen wurden mit den Proteinen GrlA und PchA ebenfalls EMSAs unter Benutzung der verschiedenen DNA-Fragmente durchgeführt. Dabei wurden für jedes Protein die ermittelten spezifischen Bedingungen verwendet (Abschnitt 3.2.5.5). Die Gelbilder der durchgeführten EMSAs für GrlA und PchA sind in Abbildung 4.18B bzw. 4.18C zu sehen. Dabei zeigen die beiden Proteine ein ähnliches Bindeverhalten. Beide Regulatoren führen zwar zu deutlichen Bandenverschiebungen bei den verwendeten DNA-Fragmenten, jedoch auch einschließlich der Negativkontrolle (Abbildungen 4.18B und 4.18C, Bahn 11). Wie bereits in Abbildung 4.18A zu sehen, sind die durch GrlA und PchA verursachten Bandenverschiebungen auch in diesem Fall deutlich größer als die des oben gezeigten EMSAs für den Regulator Ler (Vergleich Abbildung 4.17B). Des Weiteren ist die Protein/DNA-Bindung bei beiden Regulatoren derartig intensiv, dass sie, im Gegensatz zu dem vorangegangenen EMSA mit Ler, in vollständigen Bandenverschiebungen resultiert und daher keine Banden für die ungebundene DNA mehr zu sehen sind. Die einzige Ausnahme bildet Bahn 7 in Abbildung 4.18B, in der nur eine schwache Bandenverschiebung durch GrlA zu sehen ist. Jedoch existiert hier auch keine definierte Bande für die ungebundene DNA mehr, was auf eine instabile DNA/Protein-Bindung während der elektrophoretischen Auftrennung schließen lässt.

Diese Ergebnisse lassen den Schluss zu, dass die durch GrlA und PchA verursachten Bandenverschiebungen nicht aus einer spezifischen Bindung an die DNA-Fragmente der *nleA*$_{4795}$-Promotorregion resultieren. Die Tatsache, dass bei Zugabe von unspezifischen DNA-Polymeren die ansonsten sehr starke Bandenverschiebung nicht mehr zu beobachten war, lässt zudem vermuten, dass die erzielten Effekte vielmehr auf unspezifische DNA/Protein-Wechselwirkungen zurückzuführen sind.

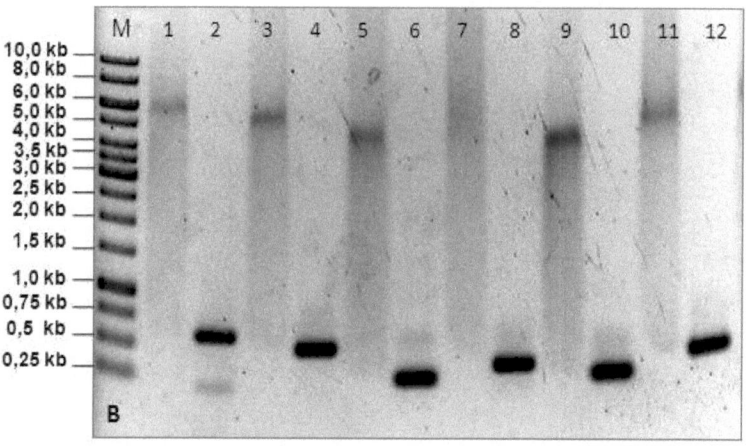

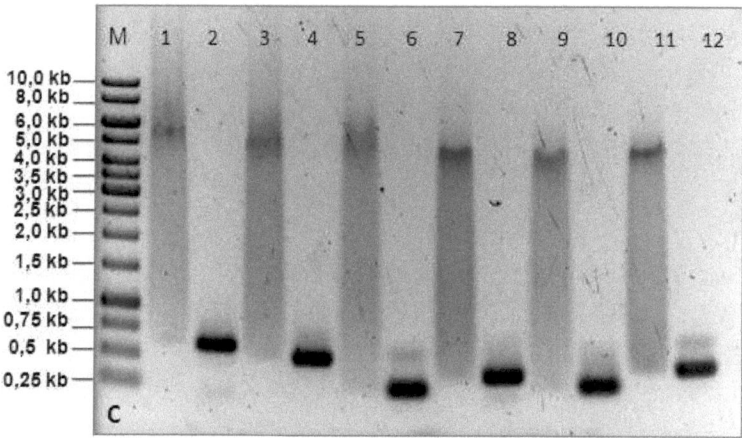

Abbildung 4.18B+C: EMSAs mit verschiedenen DNA-Fragmenten nach elektrophoretischer Auftrennung auf 0,7%igen Agarosegelen und Anfärbung in Ethidiumbromid. **B)** EMSA durchgeführt mit 400 ng GrlA. **C)** EMSA durchgeführt mit 200 ng PchA. M. 1 kb DNA-Ladder; 1: Fragment -500/+100 mit Protein; 2: Fragment -500/+100 ohne Protein; 3: Fragment -500/0 mit Protein, 4: Fragment -500/0 ohne Protein; 5: Fragment -500/-250 mit Protein; 6: Fragment -500/-250 ohne Protein; 7: Fragment -250/+100 mit Protein; 8: Fragment -250/100 ohne Protein; 9: Fragment -250/0 mit Protein; 10: Fragment -250/0 ohne Protein; 11: Negativkontrolle mit Protein; 12: Negativkontrolle ohne Protein.

4.3.3 Negative Regulatoren

In den zuvor gezeigten Ergebnissen konnte eindeutig nachgewiesen werden, dass die Expression von $nleA_{4795}$ durch die Regulatoren Ler, GrlA und PchA positiv beeinflusst wird. Daher sollte im Folgenden die Abhängigkeit der $nleA_{4795}$-Expression von negativen Regulatoren untersucht werden.

4.3.3.1 Global Regulator of LEE-Repressor (GrlR)

Der LEE-kodierte Regulator GrlR ist ein Antagonist der bereits experimentell überprüften Regulatoren Ler und GrlA und wirkt demnach negativ auf die Expression von Typ III Effektoren ein [Deng et al., 2004]. Um den Einfluss des Regulators auf die $nleA_{4795}$-Expression zu untersuchen, wurde im Reporterstamm MS-10 zunächst eine weitere Deletion im grlR-Gen erzeugt. Der resultierende Reporterstamm MS-14 wurde dann mit dem Referenzstamm MS-10 verglichen. Dazu wurde frisches LB-Medium mit Übernachtkulturen der beiden Reporterstämme angeimpft und unter Standardbedingungen für einen Zeitraum von 4 h inkubiert. Wie bereits beschrieben, wurden zu jeder Stunde die OD_{600}-Werte sowie die relative Reportergenaktivität bestimmt. Erwartungsgemäß ist der Verlauf beider Wachstumskurven nahezu identisch (Abbildung 4.19). Im Gegensatz dazu ist die Reportergenaktivität bei deletiertem grlR-Gen, in Stamm MS-14, in der frühen logarithmischen Phase (2 h) um den Faktor 1,5 und in der späten logarithmischen Phase (4 h) den Faktor 2 erhöht. Hieraus wird deutlich, dass GrlR, wie vermutet, einen negativen regulatorischen Effekt auf die Expression von $nleA_{4795}$ ausübt.

4.3.3.2 E. coli Type III Secretion System 2 Regulator A (EtrA)

Der Regulator EtrA ist, außerhalb des LEE, auf dem E. coli type III secretion system 2 (ETT2)-Gencluster kodiert. Da für EtrA bereits ein negativ regulatorischer Effekt auf die Transkription von LEE-kodierten Genen beschrieben wurde [Zhang et al., 2004], sollte der Einfluss dieses Regulators auf die $nleA_{4795}$-Expression überprüft werden. Dazu wurde der Reporterstamm MS-15 konstruiert, der aus einer zusätzlichen Deletion des etrA-Genes im Reporterstamm MS-10 resultierte. Die Übernacht-kulturen des neuen Reporterstammes sowie des Referenzstammes MS-10 wurden in

LB-Medium verdünnt und wie oben beschrieben prozessiert. Für einen besseren Vergleich sind die Wachstumskurven und die relative Reportergenaktivität zusammen mit den Werten für den Reporterstamm MS-14 (Abschnitt 4.3.3.1) in Abbildung 4.19 dargestellt. Auch hier verläuft das Wachstum der beiden Reporterstämme identisch. Anders als bei dem oben untersuchten Regulator GrlR jedoch resultiert die Deletion des etrA-Gens nicht in einem Anstieg der Reportergenaktivität. Der Reporterstamm MS-15 zeigt lediglich nach einer Inkubationszeit von 3 h und 4 h eine leichte erhöhte Reportergenaktivität im Vergleich zum Referenzstamm. Dieses Ergebnis lässt vermuten, dass die Expression von $nleA_{4795}$ durch den Regulator EtrA nicht bzw. kaum beeinflusst wird.

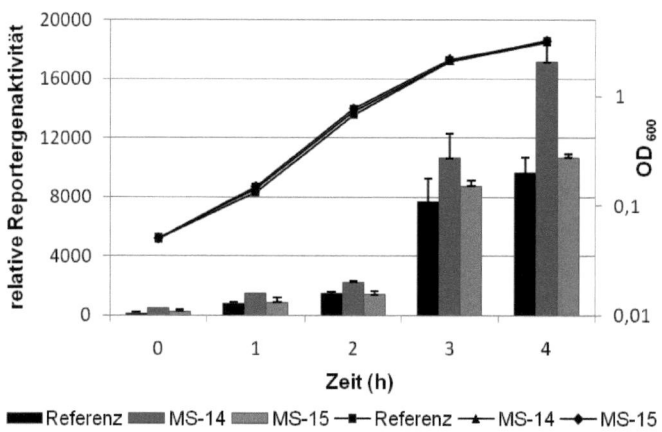

Abbildung 4.19: Relative Reportergenaktivitäten und Wachstumskurven der Reporterstämme MS-10 (Referenz), MS-14 und MS-15, inkubiert in LB-Medium. Die ermittelten relativen Reportergenaktivitäten sind durch verschiedenfarbige Balken gekennzeichnet, OD_{600}-Werte durch Linien und Symbole. Die Standardabweichungen aus drei unabhängigen Versuchen sind durch Fehlerbalken markiert.

4.4 Untersuchung der $nleA_{4795}$-Expression auf Transkriptionsebene

Um die bereits durch das Luciferase-Reportersystem gezeigte Anhängigkeit der $nleA_{4795}$-Expression von unterschiedlichen Umweltbedingungen sowie von verschiedenen Regulatorproteinen weiter zu bekräftigen, wurde im folgenden Abschnitt die Expression von $nleA_{4795}$ auf Transkriptionsebene mittels Real-Time PCR untersucht.

4.4.1 Bestimmung der Amplifikationseffizienz

Für eine optimale und reproduzierbare Analyse musste vorbereitend zur quantitativen real-time PCR die Amplifikationseffizienz (E) für jedes untersuchte Gen bestimmt werden. Idealerweise sollten diese in einem Bereich von 90% - 105% liegen. Da die Quantifizierung der $nleA_{4795}$-Expression in Relation zu den beiden Housekeeping-Genen *gapA* und *rrsB* erfolgen sollte, wurden die Amplifikationseffizienzen der drei Gene mit Hilfe der Plasmide pK18-*nleA*, pK18-*gapA* und pK18-*rrsB* bestimmt (siehe Tabelle 3.3). Zur Überprüfung der Spezifität der neu konstruierten Oligonukleotide für den Nachweis von $nleA_{4795}$ wurde zudem eine Schmelzkurvenanalyse durchgeführt, welche im Anhang graphisch (Abschnitt A11) dargestellt ist.

Aus den C_T-Werten der seriell verdünnten Plasmide wurden mit der iQ™5 Optical System Software die entsprechenden Standardkurven erstellt und aus der Steigung der Kurven schließlich die jeweilige Effizienz nach der in Abschnitt 3.2.6.4 beschriebenen Formel berechnet. Für jedes Gen wurden 3 Standardkurven erstellt und daraus die mittlere Amplifikationseffizienz berechnet (Tabelle 4.1). Diese wurden für die nachfolgende relative Quantifizierung der Genexpression von $nleA_{4795}$ eingesetzt. Die etwas unterhalb des optimalen Bereiches von 95-105% liegende Effizienz für das Referenzgen *gapA* hatte auf die nachfolgenden Ergebnisse keinen Einfluss.

Ergebnisse

Tabelle 4.1: Ermittelte Amplifikationseffizienz in % für die Gene *gapA*, *rrsB* und *nleA*$_{4795}$.

Gen	Effizienz (E) in %
gapA	84
rrsB	92,5
nleA$_{4795}$	95

4.4.2 Quantifizierung der *nleA*$_{4795}$-Expression

Wie bereits erwähnt, wurde die Genexpression von *nleA*$_{4795}$ im Bezug auf die Referenzgene *gapA* und *rrsB* bestimmt, und somit eine relative Quantifizierung durchgeführt. Daher wurden für jede zu untersuchende Probe zunächst die entsprechenden C$_T$-Werte für *nleA*$_{4795}$, *gapA*, und *rrsB* bestimmt. Anschließend erfolgte die Bestimmung der relativen Genexpression (R) von *nleA*$_{4795}$ unter Einbeziehung der vorab ermittelten Amplifikationseffizienzen, mit Hilfe der iQ™5 Optical System Software (Bio-Rad). Angewendet wurde hierbei die Methode von Pfaffl [2001], bei welcher die Genexpression in einer Testprobe auf die Expressionsrate der entsprechenden Kontrollprobe bezogen wird. Diese Beziehung ist durch folgende Formel dargestellt:

$$R = \frac{(E_{Zielgen})^{\Delta C_T, \text{Zielgen (Kontrolle-Test)}}}{((E_{Ref1})^{\Delta C_T, \text{Ref1 (Kontrolle-Test)}} * (E_{Ref2})^{\Delta T, \text{Ref2 (Kontrolle-Test)}})^{1/2}}$$

4.4.2.1 Genexpression unter verschieden Umweltbedingungen

Um auszuschließen, dass der in Abschnitt 4.2 gezeigte Einfluss bestimmter Umweltbedingungen auf die *nleA*$_{4795}$-Expression auf einen globalen Anstieg der Genexpression zurückzuführen ist, sollten die erhaltenen Ergebnisse nun auf transkriptionaler Ebene bestätigt werden. Dafür wurde eine Übernachtkultur des Wildtyp-Stammes *E. coli* 4795/97 in LB-Medium, LB-Medium mit 0,4% NaCl, 1:5 verdünntem LB-Medium und PC-Medium angeimpft und unter Standardbedingungen inkubiert. Nach einer Inkubationszeit von 2 h wurden Proben genommen, die RNA isoliert, in cDNA umgeschrieben und die relative Genexpression ermittelt. Dabei diente die relative Genexpression von nleA$_{4795}$ in LB-Medium als Referenz und wurde für einen besseren Vergleich aller Proben auf einen Wert von 1 gesetzt. Die Expressionsraten in den verschiedenen Medien wurden auf die Referenz normiert. Aus der Graphik in Abbildung 4.20 wird deutlich, dass die relative Genexpression von nleA$_{4795}$ in LB-Medium mit 0,4% NaCl 2,3-fach, in verdünntem LB-Medium 3,6-fach und in PC-Medium 3,4-fach erhöht ist.

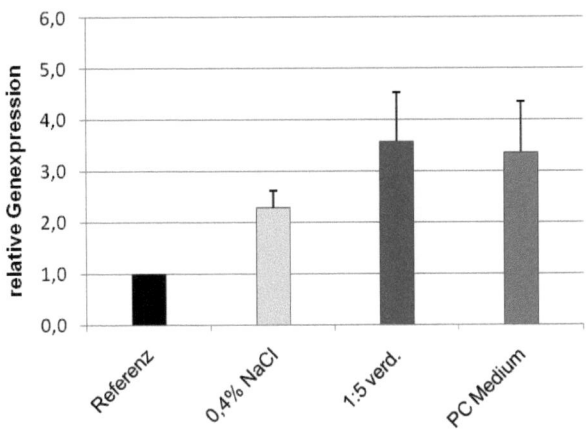

Abbildung 4.20: Relative Genexpression von nleA$_{4795}$ im *E. coli* Stamm 4795/97 bei Inkubation in verschiedenen Medien. Die verschiedenfarbigen Balken stellen die normalisierte Genexpression dar. Standardabweichungen aus drei unabhängigen Versuchen sind durch Fehlerbalken markiert.

Im Vergleich zu den in Abschnitt 4.2 gezeigten Ergebnissen ist durch die Inkubation in LB-Medium mit 0,4% NaCl und PC-Medium ein etwas schwächerer Anstieg und in verdünntem LB-Medium ein etwas stärkerer Anstieg in der Genexpression von nleA$_{4795}$ zu beobachten. Dennoch bestätigen diese Ergebnisse den induzierenden Einfluss bestimmter Umweltbedingungen auf die Expression von nleA$_{4795}$. Durch den Bezug auf die Referenzgene *gapA* und *rrsB* kann zudem eine Erhöhung der nleA$_{4795}$-Expression durch einen globalen Anstieg der Genexpression ausgeschlossen werden.

Ergebnisse

4.4.2.2 Einfluss bestimmter Regulatoren auf die Genexpression

Auch der in Abschnitt 4.3 demonstrierte Einfluss der Regulatoren Ler, GrlA und Pch sollte im Folgenden auf Transkriptionsebene untersucht werden. Hierfür wurden, ähnlich zu den vorangegangenen Versuchen, Deletionen in den entsprechenden Regulatorgenen erzeugt, das Gen für $nleA_{4795}$ wurde jedoch nicht durch ein Reportergen ersetzt. Dies ergab die Stämme MS-21, MS-22, MS-23 und MS-2323. Nachfolgend wurden die Deletionen wieder durch die Transformation der entsprechenden Plasmide komplementiert, was in den Stämmen MS-21/pCM1, MS-22/pCM2 und MS-23/pCM3 resultierte. Übernachkulturen des Wildtyp-Stammes 4795/97, der verschiedenen Deletionsmutanten und der komplementierten Transformanten wurden in LB-Medium verdünnt und unter Standardbedingungen bis zur späten logarithmischen Phase (4 h) inkubiert. Nach Erreichen dieses Zeitpunktes erfolgten RNA-Isolierung und cDNA-Synthese sowie die Bestimmung der relativen Genexpression von $nleA_{4795}$. Als Referenz diente in diesem Fall die relative Genexpression im Wildtyp-Stamm 4795/97. Alle anderen ermittelten Expressionsraten wurden auf die Referenz normiert. Wie in Abbildung 4.21 zu sehen, ist die relative Genexpression durch eine Deletion des *ler*-Gens in Stamm MS-21 sehr stark (um den Faktor 20) reduziert. Im Gegensatz dazu führt die *grlA*-Deletion in Stamm MS-22 nur zu einem 3,3-fachen Absinken der relativen Genexpression. Übereinstimmend zu den in Abschnitt 4.3.3 gezeigten Ergebnissen hat die Deletion des *pchA*-Genes in Stamm MS-23 keinen Einfluss auf die relative Expression von $nleA_{4795}$, wohingegen eine zusätzliche *pch*-Deletion in Stamm MS-2323 zu einer 9-fachen Reduktion führt. In den komplementierten Stämmen sind im Vergleich zu Referenz ebenfalls ähnliche Expressionsraten wie in Abschnitt. 4.2 zu beobachten. Die Komplementation des *ler*-Gens in MS-21/pCM1 resultiert in einer Erhöhung der Genexpression um den Faktor 2,7, während in Stamm 4795/97 Δ*grlA*/pWSK29-*grlA* nur eine Kompensation der relativen Genexpression auf das Niveau der Referenz, aber kein Anstieg zu beobachten ist. Die Komplementation des *pchA*-Gens in Stamm MS-23/pCM3 zeigt ebenfalls eine Erhöhung der relativen Expression von $nleA_{4795}$ um den Faktor 3,3.

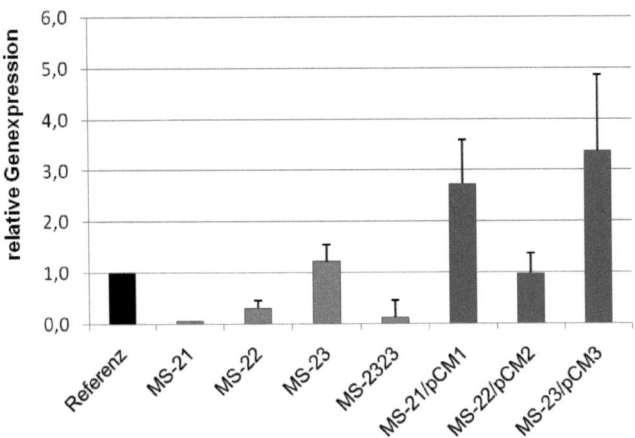

Abbildung 4.21: Relative Genexpression von nleA₄₇₉₅ im Wildtyp *E. coli* Stamm 4795/97 (Referenz) sowie in den gentechnisch veränderten Stämmen MS-21, MS-22, MS-23, MS-21/pCM1, MS-22/pCM2 und MS-23/pCM3 ermittelt durch quantitative Real-Time PCR. Grüne Balken stellen die normalisierte Genexpression von Stämmen mit deletierten Genen, blaue Balken die der entsprechenden Stämme mit komplementierten Genen dar. Die Standardabweichungen aus drei unabhängigen Versuchen sind durch Fehlerbalken gekennzeichnet.

Diese Ergebnisse machen erneut den positiven Einfluss der Regulatoren Ler, GrlA und Pch auf die Transkription des *nleA₄₇₉₅*-Gens deutlich und betätigen somit die oben gezeigten Resultate der Reportergen-Assays. Zudem bestätigen diese Ergebnisse die auf Reportergenebene gezeigten Tendenzen für einen unterschiedlich starken Einfluss der Regulatoren auf die *nleA₄₇₉₅*-Expression. Ler zeichnet sich dabei mit Abstand als stärkster Regulator ab. Danach folgen die außerhalb des LEE kodierten Pch-Regulatoren. Der schwächste, aber immer noch signifikante, Einfluss auf die Expression von *nleA₄₇₉₅* wird durch GrlA ausgeübt.

4.5 Zusammenfassung der Ergebnisse

Mit Hilfe der in dieser Arbeit gezeigten Ergebnisse konnte demonstriert werden, dass die Expression des Typ III Effektors $nleA_{4795}$ von unterschiedlichen Bedingungen und Faktoren beeinflusst wird. Zum einen konnte gezeigt werden, dass $nleA_{4795}$ in den Ler-vermittelten Regulationskreis der Expression von TTSS Effektoren integriert ist. Dabei fungierte Ler als direkter Aktivator der $nleA_{4795}$-Transkription und übte somit den stärksten regulatorischen Einfluss aus. Die ebenfalls LEE-kodierten Regulatoren GrlA und GrlR schienen nur indirekt auf die Expression von $nleA_{4795}$ einzuwirken, wobei GrlA einen positiven, und GrlR einen negativen regulatorischen Effekt aufwies. Des Weiteren wurde gezeigt, dass auch die außerhalb des LEE kodierten Pch-Regulatoren einen positiven Einfluss auf die $nleA_{4795}$-Expression haben. Für den negativen Regulator EtrA konnte kein regulatorischer Effekt nachgewiesen werden.

Auf der anderen Seite spielten verschiedene Umweltbedingungen eine große Rolle, die die Expression von $nleA_{4795}$ auch unabhängig von dem globalen Regulator Ler beeinflussten. Es wurde gezeigt, dass bestimmte Konzentrationen an NaCl und KCl zu einer Aktivierung der Genexpression führen, während isoosmolare Konzentrationen an $MgSO_4$ oder Saccharose keinen signifikanten Einfluss zeigten. Des Weiteren wurde eine Induktion der $nleA_{4795}$-Expression in PC-Medium gezeigt, die jedoch durch keines der bislang bekannten Quorum Sensing-Moleküle begründet werden konnte. Die stimulierende Wirkung des PC-Mediums wurde auf den verminderten Nährstoffgehalt des PC-Mediums zurückgeführt, da eine Reduktion der Nährstoffe in herkömmlichem LB-Medium die Genexpression ebenfalls aktivierte. Das Antibiotikum Norfloxacin hingegen wirkte als Gyraseinhibitor negativ auf die Expression $nleA_{4795}$ ein. Um all diese Zusammenhänge besser zu veranschaulichen, ist in Abbildung 4.22 ein Regulationsschema für die Expression von $nleA_{4795}$ dargestellt.

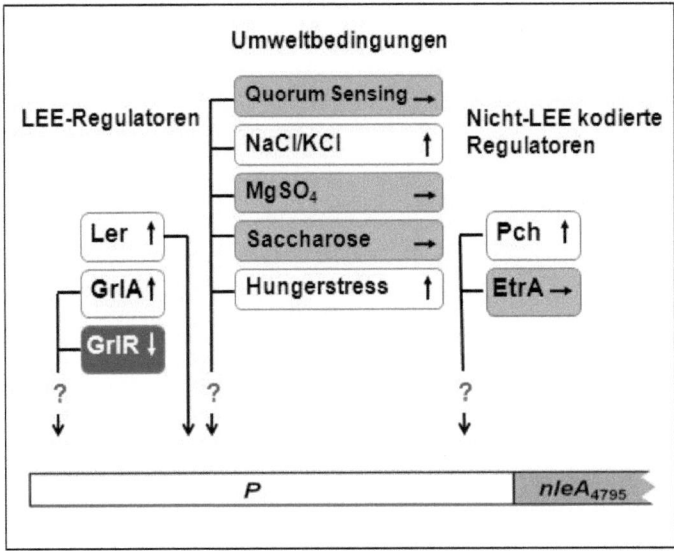

Abbildung 4.22: Schematische Darstellung der Regulation der Expression von *nleA*₄₇₉₅. Die Ausrichtung der Pfeile hinter den Regulatorproteinen und Umweltfaktoren zeigt den jeweiligen Effekt auf die Genexpression an: ↑, positiver Einfluss; ↓, negativer Einfluss; →, kein Effekt auf die *nleA*₄₇₉₅-Expression. Der durchgehende Pfeil ausgehend von Ler demonstriert die direkte Bindung des Regulatorproteins an die *nleA*₄₇₉₅-Promotorregion. Die Promotorregion und der 5'-Bereich des *nleA*₄₇₉₅-Genes sind im unteren Teil des Schemas vereinfacht dargestellt.

5 Diskussion

Typ III Sekretionssysteme (TTSS) und ihre Effektoren spielen eine kritische Rolle in der Pathogenese von Enterobakterien und sind daher ein wichtiger Gegenstand der aktuellen Forschung [Tree et al., 2009, Tobe 2010]. Dabei steht vor allem die Untersuchung der zahlreichen Typ III Effektoren im Vordergrund, die außerhalb des LEE kodiert sind und innerhalb der STEC weit verbreitet vorkommen [Creuzburg und Schmidt, 2007; Roe et al., 2007, Thanabalasuriar et al., 2010]. Insbesondere bei der Aufklärung der regulatorischen Zusammenhänge zwischen dem LEE-kodierten Typ III Sekretionsapparat und den nicht-LEE kodierten Effektoren besteht ein erhöhter Forschungsbedarf. Die vorliegende Arbeit liefert daher eine ausführliche Studie über die Expression und Regulation des phagenkodierten Typ III Effektors NleA$_{4795}$. Als Modelstamm wurde hierbei auf einen EHEC Stamm des bekannten Serotyps O157:H7 verzichtet und dafür der *E. coli* Stamm 4795/97 des Serotyps O84:H4 verwendet [Creuzburg et al., 2005]. Neben dem Einfluss von verschiedenen Umweltbedingungen wurde ein besonderes Augenmerk auf die Integration der *nleA*$_{4795}$-Expression in den Ler-vermittelten Regulationskreis des LEE gelegt und eine mögliche Co-Expression mit dem Phagen BP-4795 untersucht.

5.1 Auswahl des Luciferase-Reportersystems

Die Expression von *nleA*$_{4795}$ wurde zunächst mit Hilfe eines Systems aus 12 verschiedenen Reporterstämmen analysiert, welche durch die „One-step Inactivation"-Methode konstruiert wurden [Datsenko und Wanner 2000]. Als Vorlage für den Basis-Reporterstamm, bzw. die Fusion des Luciferase-Reporters mit der Promotorregion von *nleA*$_{4795}$, diente dabei das Modell des „Rapid Engineering" von Gerlach et al. [2007]. Dieses Reportersystem basiert auf einer Substrat-vermittelten Lichtreaktion der Firefly-Luciferase und wurde aufgrund seiner hohen Sensitivität und relativ einfachen Handhabung ausgewählt. Beispielsweise können unter optimalen Bedingungen weniger als 10^{-20} mol des Enzymes ausreichend sein, um ein detektierbares Signal zu liefern [Wood, 1991]. Zudem bewirkt das im verwendeten Luciferase Assay System (Promega) enthaltene Coenzym A einen erhöhte

Lichtintensität und ein konstantes Signal über die Dauer von einer Minute hinaus. Einen weiteren Vorteil des Luciferase-Reporters stellt die geringe Halbwertszeit des Enzyms von nahezu 3 h dar, wohingegen andere Reporter, wie z.B. GFP und CAT Halbwertszeiten von 26 h bzw. 50 h besitzen [Thompson et. al., 1991; Nash und Lever, 2004]. Durch diese relativ kurze Halbwertszeit der Luciferase wird daher eine schnellere und deutlichere Reaktion auf Veränderungen in der transkriptionalen Aktivität ermöglicht, was bei der verwendeten Inkubationsdauer von 4 h sehr von Vorteil war. Hierdurch war es möglich, Änderungen in der Reportergenexpression schon während der frühen bis hin zur späten logarithmischen Phase mitzuverfolgen. Obwohl mit den Reportergen-Assays vorwiegend klare und eindeutige Ergebnisse zur Expression und Regulation von $nleA_{4795}$ erzielt werden konnten, wurden diese nachfolgend durch eine zweite, unabhängige Methode betätigt, um die gezeigten Zusammenhänge wissenschaftlich korrekt nachzuweisen. Dafür wurde die Methodik der quantitativen Real-Time PCR ausgewählt und die Deletionen in den wichtigsten Regulatorgenen im Wildtyp Stamm 4795/95, ohne Reportergen, erneut generiert.

5.2 Umweltbedingungen

Es wurde bereits beschrieben, dass Stress, verursacht durch bestimmte Umwelteinflüsse, die Expression von Genen des LEE und anderen Virulenzfaktoren induzieren kann. Garmendia und Frankel [2005] zeigten beispielsweise, dass die Transkription der Typ III Effektorgene *espJ* und *tccP* in EHEC durch äußere Einflüsse wie z.B. Änderungen des pH-Wertes, der Osmolarität, der Temperatur oder auch des Luftdrucks stimuliert wird. Des Weiteren ist in EHEC und EPEC schon länger bekannt, dass das Phänomen des Quorum Sensing mittels bakterieller Autoinducer mitverantwortlich für die Induktion der Transkription von LEE-Genen ist [Sperandio *et al.*, 1999]. Auch ein vermindertes Nährstoffangebot oder der Übergang von Bakterienkulturen in die stationäre Phase konnten in EHEC als induzierende Bedingungen für die Expression von Ler und Pch, zwei wichtigen Regulatoren der Virulenzgenexpression, nachgewiesen werden [Nakanishi *et al.* 2006].

Um das Expressionsverhalten von $nleA_{4795}$ unter verschiedenen Umweltbedingungen zu untersuchen, wurden in einem ersten Versuch verschiedene Kulturmedien getestet. Dabei kristallisierte sich eine NaCl-Konzentration von 0,4% in LB-Medium als besonders stimulierend für die $nleA_{4795}$-Expression heraus. Es lag daher die Vermutung nahe, dass diese Hochregulation unter einer bestimmten NaCl-Konzentration durch eine Änderung des osmotischen Potentials innerhalb des Mediums verursacht wird. Es ist bereits bekannt, dass physische Faktoren, wie z. B. osmotischer Stress, zu Modifikationen der DNA-Topologie und damit zu einer veränderten Genexpression führen können [Higgins et al., 1988; Hatfield und Benham, 2002]. Mit wenigen Ausnahmen liegt die DNA von Prokaryonten in einem negativen „Supercoil", also in einer unterspiralisierten Form vor [Hatfield und Benham, 2002; Calladine, et al., 2004]. Da die Transkription von Genen durch komplexe Interaktionen mit der RNA-Polymerase erfolgt, kann durch eine Über- oder Unterspiralisierung der DNA die Topologie verändert und somit die Wechselwirkung mit der RNA-Polymerase sowie die Bindung von Repressor- oder Aktivatorproteinen beeinflusst werden [Dai und Rothman-Denes, 1999]. Beltrametti et al. [1999] demonstrierten einen Anstieg in der Expression des LEE-kodierten *esp* Operons unter hochosmolaren Bedingungen für den *E. coli* Stamm EDL933. Diesen Effekt erreichten sie durch Inkubation der Bakterien in Minimalmedium unter Zugabe von 430 mM NaCl, während in niederosmolarem Medium mit 10 mM NaCl keine Beeinflussung des *esp* Operons zu beobachten war. Zusätzlich konnte die Arbeitsgruppe zeigen, dass die Induktion des *esp* Operons durch eine osmotisch bedingte Veränderung des DNA-Supercoilings resultierte. Des Weiteren lieferten Higgins et al. bereits im Jahre 1988 den Beweis, dass eine Erhöhung der extrazellulären Osmolarität das negative Supercoiling des Bakterienchromosoms verstärkt und dadurch die Transkription bestimmter Gene stimuliert. Interessanterweise wurde in der vorliegenden Arbeit die stärkste Erhöhung der $nleA_{4795}$-Expression bei einer Konzentration von 0,4% NaCl in LB-Medium festgestellt. Dies entspricht jedoch einer Molarität von 68 mM, und stellt im Vergleich zu der von Beltrametti et al. [1999] beschriebenen Konzentration von 430 mM NaCl eine hypoosmolare Umgebung dar. Es ist aber nicht davon auszugehen, dass diese widersprüchlichen Ergebnisse aus der Verwendung von unterschiedlichen Medien

Diskussion

(Minimalmedium und LB-Medium) resultieren, da die Arbeitsgruppe um Beltrametti das Minimalmedium nur aufgrund eventueller, im LB-Medium vorhandener „Osmoprotectants" verwendete. Osmoprotectants sind lösliche Substanzen, mit deren Hilfe sich die Bakterienzellen an den osmotischen Stress der Umgebung anpassen können, wie z.b. Glycin-Betain [Perroud und Rudulier, 1985]. Zudem bewegt sich die Definiton von hoch- und niederosmolar in einem weiten Raum. In Versuchen zum Einfluss von osmotischem Schock auf die Genexpression von *Shigella flexneri* wurde beispielsweise herkömmliches LB-Medium mit 1% bzw. 171 mM NaCl als hochosmolares Medium definiert und darin eine erhöhte Virulenzgenexpression im Gegensatz zu Medium ohne NaCl nachgewiesen [Porter und Dorman, 1994]. In der vorliegenden Arbeit wirken jedoch NaCl-Konzentrationen von 0,4% und 0,1% stimulierend auf die Expression von $nleA_{4795}$. Diese stellen auch im Vergleich zum herkömmlichen LB-Medium eher eine niederosmolare Umgebung dar. Es wurde jedoch nachgewiesen, dass hyperosmotische NaCl-Konzentrationen das Supercoiling der DNA beeinflussen können [Higgins *et al.*, 1988]. Daher könnte vermutet werden, dass hyperosmotische Konzentrationen zu einer für die $nleA_{4795}$-Expression nachteiligen DNA-Topologie führen, wodurch die Expression in niederosmolarem Millieu bei 0,4% NaCl begünstigt, bzw. erhöht wird.

Um den Einfluss der Osmolarität weiter zu untersuchen, wurden LB-Medien mit verschiedenen Konzentrationen der Salze KCl und $MgSO_4$ sowie des Zuckers Saccharose getestet. Die Medien mit den verschiedenen Mengen an KCl bestätigten den durch bestimmte NaCl-Konzentrationen erhaltenen Effekt auf die $nleA_{4795}$-Expression. Auch hier führten die relativ niederosmolaren Konzentrationen von 34 mM und 68 mM KCl zu einem Anstieg der $nleA_{4795}$-Expression, während höhere Molaritäten wieder in einem Rückgang resultierten. Allerdings war der gemessene Effekt weniger stark als bei LB-Medien mit verschiedenen NaCl-Konzentrationen. Ähnliche Resultate beschrieben auch Mitobe *et al.* [2009], sie demonstrierten die erhöhte Expression von Genen des TTSS in *S. flexneri* bei Inkubation in Medien mit vergleichbaren Mengen an NaCl und KCl. Allerdings handelte es sich dabei um hochosmolare Konzentrationen.

Die LB-Medien mit unterschiedlichen Molaritäten des zweiwertigen Salzes $MgSO_4$ zeigten im Gegensatz zu NaCl und KCl keinen Einfluss auf die Expression von

$nleA_{4795}$. Diese Ergebnisse stimmen mit den Beobachtungen von Beltrametti et al. [1999] überein. Die Arbeitsgruppe konnte in Minimalmedium mit $MgSO_4$, im Gegensatz zu Medium mit einer identischen Menge an NaCl, keine Induktion des esp Operons nachweisen. Dieser Effekt wurde darauf zurückgeführt, dass zweiwertige Salze bzw. Ionen generell keinen derartigen Einfluss auf die Genexpression ausüben können. Eine weitere mögliche Begründung wäre, dass $MgSO_4$ als relativ schwacher Elektrolyt nur eine geringe osmotische Aktivität aufweist und daher keinen Einfluss auf die Genexpression ausübt [Woolley und Hepler, 1977; Eckert, 2002].

Denkbar wäre jedoch auch die Möglichkeit, dass der stimulierende Einfluss bestimmter NaCl- und KCl-Konzentrationen auf die Expression von $nleA_{4795}$ durch eine spezifische Wirkung der einwertigen Salze und nicht durch Änderung des osmotischen Potentials verursacht wird. Diese Vermutung wird einerseits durch die Tatsache unterstützt, dass die LB-Medien mit isoosmolaren Konzentrationen des Zuckers Saccharose keine vergleichbaren Effekt auf die $nleA_{4795}$-Expression ausübten. Andererseits konnte bereits gezeigt werden, dass Bakterien unterschiedlich auf osmotischen Stress reagieren, der durch ionische Substanzen, wie NaCl und KCl, oder durch nichtionische Substanzen wie Saccharose verursacht wird [Shabala et al., 2009]. Cheung et al. [2009] konnten beispielsweise nachweisen, dass die Aktivität der β-Galaktosidase in NaCl-bedingtem hyperosmotischem Milieu stark erhöht ist, während isoosmolare Bedingungen durch Saccharose keinen vergleichbaren Effekt ausübten. Die Arbeitsgruppe um Shabala et al. [2009] konnte ebenfalls einen deutlichen Unterschied von ionischen und nichtionischen Osmolaritäten auf die Genexpression in E. coli demonstrieren, wobei sie diesen Effekt mit der unterschiedlichen Beeinflussung des Membranpotentials der Bakterien begründete. Demnach könnte dies auch eine Erklärung für die unterschiedlichen Einflüsse isoosmolarer NaCl- und Saccharose-Konzentrationen auf die Expression von $nleA_{4795}$ sein, auch wenn es sich in diesem Fall um hypoosmolare Bedingungen handelte.

Der Einfluss von LB-Medium mit einer Konzentration von 0,4% NaCl auf die Expression von $nleA_{4795}$ wurde zudem in einem Reporterstamm mit deletiertem ler-Gen untersucht. Dabei konnte trotz einer insgesamt geringeren Grundexpression ein eindeutiger Anstieg von $nleA_{4795}$ durch die Inkubation in Medium mit 0,4% NaCl

Diskussion

demonstriert werden. Hieraus wird deutlich, dass die Stimulation der $nleA_{4795}$-Expression durch eine NaCl-bedingte Änderung der Osmolarität auch unabhängig von Ler erfolgen kann. Dies stellt ein weiteres Indiz zur Unterstützung der oben aufgestellten These der DNA-Topologie-bedingten Aktivierung bzw. Repression der $nleA_{4795}$-Expression dar. Zudem könnte der Ler-unabhängige Effekt auf die $nleA_{4795}$-Expression ein Beweis für den Einfluss weiterer globaler Regulationsmechanismen sein, wie z.B. die RpoS vermittelte Stressantwort auf Umweltreize [Weber et al., 2004; Dong und Schellhorn, 2009].

Im Rahmen der Untersuchungen zur Expression von $nleA_{4795}$ unter verschiedenen Umweltbedingungen konnte außerdem festgestellt werden, dass die Inkubation in Minimalmedium M9, im Vergleich zu LB-Medium, in einem sehr niedrigen Expressionsniveau resultierte. Dies könnte sich einerseits durch das geringe Wachstum der Bakterien in diesem Medium erklären lassen, wodurch nicht nur die allgemeine Genexpression, sondern auch $nleA_{4795}$-Expression reduziert ist. Andererseits wurde der Einfluss von M9-Medium auch in einer Atmosphäre mit erhöhtem CO_2-Gehalt getestet, in welcher das Wachstum des Reporterstammes zwar ähnlich stark wie das in LB-Medium war, aber dennoch eine reduzierte $nleA_{4795}$-Expression vorlag. Diese Ergebnisse stehen im Widerspruch zu denen von Gruenheid et al. [2004] und Creuzburg et. al [2005], worin die Inkubation in M9 Minimalmedium und 5% CO_2 als TTSS-induzierend beschrieben, und für den Nachweis der TTSS-vermittelten Sekretion von nleA verwendet wurde. In beiden Studien wurde jedoch kein Vergleich zur Expression von nleA in Vollmedien, wie z.B. LB-Medium angestellt. In Bezug auf die oben diskutierte Induktion der $nleA_{4795}$-Expression durch LB-Medium mit 0,4% NaCl könnte aber auch der niedrige Salzgehalt des M9 Minimalmediums von 0,05% NaCl für das geringe Expressionsniveau verantwortlich sein.

Durch die Simulation eines dickdarmähnlichen Milieus mit Hilfe von SCEM konnte sowohl unter aeroben Bedingungen, als auch unter erhöhtem CO_2-Gehalt kein Einfluss auf die Expression von $nleA_{4795}$ nachgewiesen werden. Im Gegensatz dazu konnten z.B. Müsken et al. [2007] in Sorbitol-fermentierenden E. coli O157:NM Stämmen zeigen, dass die Expression von Sfp-Fimbrien durch die Inkubation in SCEM unter anaeroben Bedingungen signifikant erhöht wird. Ob diese unterschiedlichen Auswirkungen von SCEM aus der Verwendung verschiedener *E. coli* Stämme resultieren oder aus der Tatsache, dass im Gegensatz zum phagenkodierten $nleA_{4795}$ das *sfp* Cluster plasmidkodiert vorliegt, ist nicht klar. Möglicherweise resultieren die unterschiedlichen Ergebnisse auch daraus, dass in der Studie von Müsken *et al.* [2007] vollständig anaerobe Bedingungen für die Inkubation gewählt wurden. Diese Überlegungen müssten durch weitere Versuche abgeklärt werden. Zudem könnte durch Variation der NaCl-Konzentrationen überprüft werden, ob die im Medium befindliche Konzentration von 0,09% ebenfalls einen Einfluss auf das Expressionsniveau von $nleA_{4795}$ hat.

In der vorliegenden Arbeit konnte gezeigt werden, dass die $nleA_{4795}$-Expression durch Inkubation in PC-Medium stark erhöht wird. Um zu untersuchen, ob diese Beeinflussung durch im PC-Medium enthaltene Autoinducer hervorgerufen wird, wurden die bisher beschriebenen Autoinducer-1, -2 und -3 [Turovskiy *et al.*, 2007] in verschiedenen Versuchen auf ihre Wirkung getestet. Dabei zeigte sich zunächst, dass der im PC-Medium erhaltene Anstieg der $nleA_{4795}$-Expression durch Zugabe von synthetisch hergestelltem AI-1 in LB-Medium nicht erreicht werden konnte. Da bislang für *E. coli* angenommen wird, dass dieses Bakterium keinen AI-1 oder chemisch verwandte Stoffe synthetisieren kann, wurde ein „allgemeiner" AI-1 der Firma Sigma verwendet, der induzierend auf die Lumineszenz von *V. fischeri* wirkt [Bassler *et al.*, 1997; Fuqua und Greenberg, 1998]. Es war daher zu vermuten, dass AI-1 nicht die aktive Komponente des PC-Mediums darstellt, dennoch musste auch dieser Aspekt untersucht werden. Bassler *et al.* [1997] beschrieben beispielsweise die speziesübergreifende Induktion der Lumineszenz über das AI-1-system von *V. harveyi* durch Inkubation in Kulturüberständen von *V. parahaemolyticus*. Zudem konnten Kanamaru *et al.* [2000] eine eindeutige Beeinflussung der Expression der beiden LEE-kodierten Proteine Esp und Intimin in *E. coli* O157:H7 durch Zugabe von 1 mM synthetisch hergestelltem AI-1 nachweisen. Jedoch wurde die Proteinexpression dabei in beiden Fällen stark reduziert. Die Arbeitsgruppe um Kanamaru [2000] verwendete ebenfalls den AI-1 des Quorums Sensing-Systems von *V. fischeri*. Auf die in dieser Arbeit untersuchte $nleA_{4795}$-Expression konnte jedoch kein vergleichbarer Effekt mit AI-1 erzielt werden, obwohl die Funktionalität des Autoinducers im Kontrollversuch mit *V. fischeri* bestätigt wurde.

Diskussion

In einem nächsten Schritt wurde daher der ebenfalls weitverbreitet vorkommende AI-2 auf seine Aktivität im PC-Medium hin überprüft. Da die Produktion von AI-2 abhängig von der Synthase LuxS ist [Surette et al., 1999; Schauder et al., 2001], wurde für die Untersuchung zum einen PC-Medium verwendet, dass aus einem E. coli Stamm mit deletiertem luxS-Gen präpariert wurde und somit keinen AI-2 enthalten konnte. Zum anderen wurde die Expression von $nleA_{4795}$ in einem Reporterstamm mit deletiertem luxS-Gen analysiert. Auf diese Weise sollte sowohl die „externe" Zufuhr von AI-2 durch das PC-Medium, als auch die Bildung von AI-2 innerhalb der Bakterienkultur unterbunden und die Auswirkungen davon untersucht werden. In beiden Fällen konnte jedoch keine Beeinflussung der $nleA_{4795}$-Expression durch die Deletion im luxS-Gen festgestellt werden. Diese Erkenntnisse stimmen einerseits mit denen von Kendall et al. [2007] überein, die im EHEC Stamm 86-24 ebenfalls keinen Einfluss einer luxS-Deletion auf die Expression von nleA und anderen Effektorproteinen sowie auf die Expression des LEE1 und LEE2 Operons beobachten konnten. Andererseits konnte die Arbeitsgruppe jedoch zeigen, dass das Expressionsniveau des LEE3 Operons durch die luxS-Mutation anstieg und die Expression von LEE4 und LEE5 deutlich reduziert wurde. Diese Ergebnisse der Arbeitsgruppe um Kendall [2007] spiegeln den pleiotropen Einfluss von LuxS wieder, der sich zudem in verschiedenen E. coli Stämmen unterschiedlich auswirken kann [Sperandio et al., 2001; Wang et al., 2005]. Da in der vorliegenden Arbeit eine Deletion im luxS-Gen keine Auswirkungen auf die $nleA_{4795}$-Expression zeigte, und auch der Anstieg der Expression in PC-Medium mit und ohne AI-2 zu beobachten war, kann dieser Autoinducer eindeutig als induzierendes Agens des PC-Mediums ausgeschlossen werden.

Als Hauptindikator für die Induktion der Virulenzgenexpression in EHEC gilt das AI-3/Adrenalin/Noradrenalin-System [Sperandio et al., 2003]. Daher wurde vor allem diese Autoinducer als die aktive Substanz des PC-Mediums vermutet. Die Synthese von AI-3 ist nur bedingt abhängig von LuxS [Walters et al., 2006] und eine verminderte Produktion kann durch Zugabe der Hormone Adrenalin und Noradrenalin kompensiert werden [Sperandio et al., 2003]. Da im Rahmen dieser Arbeit nicht die Möglichkeit bestand, aufgereinigte AI-3-Moleküle zu verwenden, wurde versucht, den im PC-Medium erhaltenen Anstieg der $nleA_{4795}$-Expression durch Zugabe verschiedener Mengen an Adrenalin zu erreichen. Allerdings zeigten die eingesetzten Molaritäten von 50 µM und 100 µM Adrenalin keinen signifikanten Einfluss auf die Expression von $nleA_{4795}$. Dieses Resultat steht im Gegensatz zu dem von Sperandio et al. [2003], die in ihrer Studie zeigen konnten, dass schon durch Zusatz der geringeren Konzentration von 50 µM Adrenalin die Expression des *LEE1* Operons deutlich erhöht wurde. Auch Kendall et al. [2007] beschrieben einen starken Anstieg in der Genexpression des LEE durch den Einsatz einer identischen Menge an Adrenalin, allerdings wurde dieser Effekt nur in einem EHEC Stamm mit deletiertem *luxS*-Gen erzielt. Gegensätzlich zu den Ergebnissen der vorliegenden Arbeit wurde in der Studie von Kendall [2007] zudem die Expression von *nleA* durch Adrenalin stark reduziert, wobei aber auch dieser Effekt nur in einem EHEC Stamm mit deletiertem *luxS*-Gen zu beobachten war.

Die Ergebnisse dieser Arbeit demonstrieren somit, dass der induzierende Effekt des PC-Mediums auf die Expression von $nleA_{4795}$ von keinem der drei bislang beschriebenen Autoinducer-Systeme verursacht werden kann. Diese Vermutung wird weiter unterstützt durch die Tatsache, dass sowohl PC-Medium präpariert aus dem EHEC Stamm EDL933, als auch aus dem *E. coli* Stamm C600 (K-12-Derivat), die Expression von $nleA_{4795}$ stark erhöht wird. Da bereits gezeigt werden konnte, dass die AI-2-Synthase LuxS in den *E. coli* Stämmen K-12 und 86-24 an der Regulation von sehr unterschiedlichen Stoffwechselprozessen beteiligt ist [Sperandio et al., 2001; Wang et al., 2005], wäre zu vermuten gewesen, dass auch PC-Medien aus verschiedenen *E. coli* Stämmen zu unterschiedlichen bzw. abgeschwächten Effekten führen. Dies ist jedoch nicht der Fall und somit ein weiteres Indiz dafür, dass die gezeigte Induktion der $nleA_{4795}$-Expression nicht durch die bisher bekannten Quorum Sensing-Signalmoleküle vermittelt wird.

Um zu überprüfen, ob der in den PC-Medien erzielte Effekt aus dem durch die Herstellung bedingten, verminderten Nährstoffgehalt resultiert, wurde die Expression von $nleA_{4795}$ in verdünnten LB-Medien untersucht. Die Reduktion der Nährstoffe um den Faktor 5 resultierte in einem deutlichen Anstieg der Expression während der exponentiellen Wachstumsphase. Dies deutet zum einen darauf hin, dass die erhöhte Expression von $nleA_{4795}$ in PC-Medium durch das „Stringent Response System" der Bakterien beeinflusst werden könnte. Diese globale Stressantwort wird

Diskussion

durch verschiedene nahrungs- und stoffwechselbedingte Einflüsse, wie z. B. dem Mangel an Aminosäuren, ausgelöst und durch die zwei Komponenten ppGpp und DksA vermittelt [Chatterji und Ojha, 2001; Paul et al., 2004]. Auch Nakanishi et al. [2006] beschrieben eine durch das Stringent Response System induzierte Expression der LEE-Gene in Medium mit reduzierten Nährstoffgehalt. Zudem konnten sie in ihrer Studie die direkte Aktivierung der Expression von *ler* und *pch* durch einen erhöhten ppGpp-Gehalt nachweisen. Da das Nukleotid ppGpp durch seine sehr kurze Halbwertszeit verantwortlich für eine schnelle und zudem umkehrbare Stressantwort ist, könnte dies auch eine mögliche Erklärung für die Reduktion der *nleA*$_{4795}$-Expression in 1:5 verdünntem LB-Medium während der späten logarithmischen Phase sein [Chang et al., 2002].

Um auszuschließen, dass die Erhöhung der *nleA*$_{4795}$-Expression in verdünntem Medium nur durch diese Stringent Response-vermittelte Induktion der *ler*-Expression ausgelöst wird, wurden die Versuche unter Verwendung eines Reporterstammes mit deletiertem *ler*-Gen wiederholt. Dabei war trotz einer niedrigeren Grundexpression ein eindeutiger Anstieg von *nleA*$_{4795}$ zu beobachten. Es ist daher anzunehmen, dass die Expression von *nleA*$_{4795}$, auch unabhängig von Ler, durch bakterielle Stress-Systeme, wie dem Stringent Response System stimuliert werden kann. Diese Annahme stimmt mit den zuvor diskutierten Ergebnissen zur *nleA*$_{4795}$-Induktion in bestimmten Salzkonzentrationen überein, bei denen bereits eine RpoS-vermittelte Induktion durch die generelle Stressantwort vermutet wurde. Da sich diese beiden Stressantwort-Systeme der Bakterien auch überschneiden können, wäre eine ppGpp bzw. RpoS-vermittelte *nleA*$_{4795}$-Induktion durchaus denkbar.

Im Bezug auf die oben diskutierten Resultate unter Verwendung verschiedener Salzkonzentrationen, könnte ein weiterer Grund für die erhöhte *nleA*$_{4795}$-Expression in 1:5 verdünntem LB-Medium auch die resultierende NaCl-Konzentration von 0,2% sein. Dieser Vermutung spricht jedoch entgegen, dass in 1:2 verdünntem LB-Medium, mit einer Konzentration von 0,5% NaCl, kein Einfluss auf die *nleA*$_{4795}$-Expression zu beobachten war.

Um die Auswirkungen der bisher beschriebenen induzierenden Umwelteinflüsse auf die Expression von *nleA*$_{4795}$ mit einer weiteren Methode zu bestätigen, wurde die Genexpression im Wildtyp Stamm *E. coli* 4795/97 mit Hilfe der Real-Time PCR

Diskussion

untersucht. Die dabei ermittelten Induktionswerte für die $nleA_{4795}$-Expression unter verschiedenen Umweltbedingungen waren etwas abweichend zu denen der Reportergen-Assays. Dies lässt sich jedoch durch die unterschiedlichen Versuchssysteme und die daraus resultierenden zeitlichen Differenzen erklären, zudem stellt die Untersuchung auf RNA-Ebene mittels Real-Time PCR sicherlich die sensitivere Methode dar. Dennoch demonstrieren Ergebnisse der Real-Time PCR eine eindeutige Erhöhung der $nleA_{4795}$-Genexpression bei Inkubation in LB-Medium mit 0,4% NaCl, in 1:5 verdünntem LB-Medium sowie in PC-Medium, und bestätigen damit die Resultate der Reportergen-Assays. Da die Genexpression in Bezug auf die Housekeeping-Gene *gapA* und *rrsB* bestimmt wurde, kann zudem ausgeschlossen werden, dass die in den Reportergen-Assays gemessene Induktion von $nleA_{4795}$ nur durch eine umweltbedingte, globale Erhöhung der Genexpression hervorgerufen wird.

Ein weiterer Umweltfaktor, der im Rahmen dieser Arbeit untersucht wurde, war der Einfluss des Antibiotikums Norfloxacin. In der Vergangenheit wurde bereits mehrfach beschrieben, dass die Expression von Stx-kodierenden Phagen durch Behandlung mit Antibiotika induziert werden kann [Matsushiro *et al.*, 1999; Kimmitt *et al.*, 2000]. Die kodierende Sequenz für NleA$_{4795}$ ist auf dem Stx1-konvertierenden Phagen BP-4795 am Ende der späten Phagenregion lokalisiert [Creuzburg *et al.*, 2005]. Die Transkriptionsrichtung für $nleA_{4795}$ verläuft entgegengesetzt zur Transkription der meisten Phagengene, dennoch sollte untersucht werden, ob eine Korrelation zwischen Phageninduktion und $nleA_{4795}$-Expression bestehen könnte. Die Induktion des Phagen BP-4795 wurde zunächst mit Hilfe eines Enzym Immuno-Assays überprüft. Hierbei konnte eindeutig demonstriert werden, dass durch Behandlung mit einer Konzentration von 200 ng/ml Norfloxacin die Stx-Expression induziert wird. Da die Erhöhung der Stx-Produktion mit der Induktion der Phagenexpression einhergeht [Matsushiro *et al.*, 1999], konnte hierdurch die Funktionalität des Phagen BP-4795 in dem Reporterstamm MS-10 bestätigt werden. Um den Einfluss von Norfloxacin auf die Expression von $nleA_{4795}$ zu untersuchen, wurden zusätzlich zu der knapp subinhibitorischen Konzentration von 200 ng/ml, die von Herold *et al.* [2005] ermittelte MHK für den *E. coli* Stamm EDL933 von 250 ng/ml sowie eine Konzentration von 400 ng/ml eingesetzt. Jedoch war bei allen verwendeten

Diskussion

Norfloxacinkonzentrationen eine starke Reduktion der $nleA_{4795}$-Expression zu beobachten, was bedeutet, dass keine Korrelation zwischen der Expression der Phagengene und $nleA_{4795}$ bestehen kann. Vielmehr scheint die Expression von $nleA_{4795}$ durch die Induktion des Phagen regelrecht unterdrückt zu werden. Dieser Effekt lässt sich möglicherweise dadurch erklären, dass das Gen für $nleA_{4795}$, wie bereits erwähnt, am Ende der Region der späten Phagengene lokalisiert ist. Als sogenanntes Moron stellt $nleA_{4795}$ demnach ein „zusätzliches" Gen mit autonomem Promotor dar, das unabhängig vom Phagenzyklus exprimiert oder durch dessen Induktion sogar unterdrückt werden kann.

Im Gegensatz zu diesem Ergebnis konnten Mellies et al. [2007] zeigen, dass die Expression des auf einem cryptischen Phagen kodierten nleA-Gens in EPEC durch Behandlung mit dem Antibiotikum Mitomycin C induziert wird. Für die ebenfalls auf cryptischen Phagen kodierten TTSS Effektoren nleD und espJ konnte jedoch kein Einfluss festgestellt werden. Diese gegensätzlichen Ergebnisse könnten sich zum einen durch unterschiedliche Wirkungsweise der Antibiotika erklären lassen. Während das Bezochinon Mitomycin C die DNA durch kovalente Bindung schädigt [Ueda und Komano, 1984], fungiert das Chinolon Norfloxacin vorwiegend als Inhibitor der bakteriellen DNA-Gyrase [Drlica und Zhao, 1997; Tse-Dinh, 2009]. Dennoch induzieren beide Antibiotika den Übergang von lysogenen Phagen in den lytischen Phagenzyklus, unter anderem durch Schädigung der DNA und die dadurch ausgelöste bakterielle SOS-Antwort [Kimmitt et al., 2000; Mellies et al., 2007].

Ein weiterer Grund für die starke Repression von $nleA_{4795}$ durch Norfloxacin könnte, wie schon zuvor vermutet, eine Veränderung der DNA-Topologie sein. Das negative und positive Supercoiling der DNA wird von DNA-schneidenden Enzymen vermittelt, die zur Familie der Topoisomerasen gehören [Calladine et al., 2004]. Da Norfloxacin hauptsächlich die ebenfalls zu dieser Familie gehörende DNA-Gyrase inhibiert, könnte vermutet werden, dass dies zu Veränderungen der DNA-Struktur führt, die sich wiederum negativ auf die Transkription von $nleA_{4795}$ auswirken. Diese Hypothese wird durch die Arbeit von Beltrametti et al. [1999] unterstützt, die durch Zugabe des Gyrase-Inhibitors Novobiocin eine Reduktion der Transkription der LEE-kodierten esp-Gene beschrieben und diesen Effekt ebenfalls auf eine Hemmung des

Diskussion

DNA-Supercoilings und einer daraus resultierenden veränderten DNA-Struktur zurückführten.

5.3 Regulatoren der $nleA_{4795}$-Expression

Im Rahmen dieser Arbeit wurde neben den umweltbedingten Einflüssen auch die Beeinflussung der $nleA_{4795}$-Expression durch verschiedene regulatorische Systeme untersucht. Da bereits bekannt ist, dass die Expression von LEE-kodierten TTSS Effektoren durch globale Regulatoren des LEE kontrolliert wird [Elliott et al., 2000; Deng et al., 2004] lag die Vermutung nahe, dass die Expression von $nleA_{4795}$ ebenfalls in diese Regulationskreisläufe integriert sein könnte. Auf Proteinebene konnte z.B. für den außerhalb des LEE-kodierten TTSS Effektor NleH des Mauspathogens C. rodentium bereits eine Abhängigkeit von den Regulatoren Ler und GrlA nachgewiesen werden, wohingegen beide Regulatoren auf transkriptionaler Ebene keinen Einfluss hatten [Garcia-Angulo et al., 2008]. Auch in EHEC O157:H7 konnte für NleA bereits eine Abhängigkeit von Ler demonstriert werden [Roe et al., 2007].

Für eine Untersuchung dieser Zusammenhänge wurden im bestehenden Reporterstamm MS-10 zusätzliche Deletionen in Genen, kodierend für potentielle Regulatoren, generiert. Anhand der zunächst durchgeführten Deletionen in den Genen *ler* und *grlA* konnte deutlich gezeigt werden, dass die Expression von $nleA_{4795}$ durch die positiven Regulatoren Ler und GrlA beeinflusst wird. Die nachfolgende Komplementation dieser Reporterstämme durch entsprechende Plasmide bestätigte diese Ergebnisse. Allerdings resultierte die Komplementation des *grlA*-Gens auch nur in einer Komplementation der Expression, wohingegen die Komplementation des *ler*-Gens zu einer deutlichen Erhöhung der $nleA_{4795}$-Expression führte. Schon durch diese Ergebnisse der Reportergen-Assays zeichnete sich Ler als der stärkere Regulator der $nleA_{4795}$-Expression ab. Dies konnte durch nachfolgende Untersuchungen mittels Real-Time PCR bestätigt werden. Dabei verursachte eine Deletion im *ler*-Gen mit deutlichem Abstand die stärkste Reduktion der $nleA_{4795}$-Expression, wodurch sich der Regulator Ler als stärkste regulatorische Komponente auszeichnete. GrlA wurde sowohl durch das Reportersystem, als auch mit Hilfe der

Diskussion

Real-Time PCR als schwächerer und möglicherweise sekundärer Regulator der $nleA_{4795}$-Expression charakterisiert. Die unterschiedlich starken Einflüsse der Gendeletionen in den beiden Untersuchungssystemen, wie z.B. die im Reportergenassay durch *ler*-Deletion ermittelte 4–fache Reduktion der $nleA_{4795}$-Expression gegenüber der 20-fachen Reduktion in der Real-Time PCR, lassen sich eventuell durch eine höhere Sensitivität der Real-Time PCR erklären. Im Gegensatz zu der oben erwähnten Halbwertszeit der Luciferase von 3 h, besitzen die für die Real-Time PCR verwendeten RNA-Moleküle im Schnitt nur eine Halbwertszeit von wenigen Minuten, wodurch Transkriptionsunterschiede viel deutlicher ersichtlich sind [Selinger et al., 2003].

Ein eventuelles Zusammenspiel von Ler und GrlA wurde zudem in einem Reporterstamm mit Deletionen in beiden Genen untersucht. Allerdings zeigten die Ergebnisse dieser Reportergen-Assays, dass die $nleA_{4795}$-Expression in der Doppelmutante auf das gleiche Niveau reduziert wurde wie durch die Deletion im einzelnen *ler*-Gen. Dies ist zum einen ein weiteres Anzeichen dafür, dass die $nleA_{4795}$-Expression primär durch den Regulator Ler und nur sekundär durch GrlA kontrolliert wird. Zum anderen lassen die Resultate darauf schließen, dass Ler und GrlA offensichtlich keine synergistische Wirkung auf die Expression von $nleA_{4795}$ ausüben, obwohl von Barba *et al.* [2005] in *C. rodentium* ein positiver Regulationskreis zwischen den beiden Regulatoren beschrieben wurde. Laut Barba *et al.* [2005] wird GrlA zudem für eine optimale Expression von Ler benötigt, wohingegen GrlA auch in Abwesenheit von Ler exprimiert werden kann. Im Bezug auf die Expression von $nleA_{4795}$ könnten diese Beobachtungen wiederum bedeuten, dass Ler als direkter Aktivator der Transkription fungiert, während der Einfluss von GrlA nur aus der GrlA-vermittelten Aktivierung der Ler-Expression resultiert.

Um diesen Zusammenhang weiter aufzuklären, wurden die Regulatorproteine durch einen His-Tag markiert, exprimiert und aufgereinigt und eine direkte Regulation durch Bindung an die $nleA_{4795}$-Promotorregion untersucht. Sowohl Ler als auch GrlA sind mit 15 - 16 kDa relativ kleine Proteine und wurden durch Sequenz- und Strukturanalysen bereits als DNA-bindende Proteine beschrieben [Mellies *et al.* 1999; Elliott *et al.*, 2000; Deng *et. al.*, 2004]. Die Bindung von Ler und GrlA an die Promotorregion von $nleA_{4795}$ wurde mit Hilfe von EMSAs unter Verwendung verschiedener DNA-Fragmente analysiert. Dabei konnte für den Regulator Ler eine spezifische Bindung an die $nleA_{4795}$-Promotorregion in einem Bereich zwischen 500 bp stromaufwärts und 100 bp stromabwärts des Startcodons nachgewiesen werden. Darüber hinaus konnte durch die Verwendung von DNA-Fragmenten mit unterschiedlicher Größe und Position die Bindestelle für Ler weiter charakterisiert werden. Sehr deutliche Bandenverschiebungen konnten durch die Bindung von Ler an die beiden kürzeren Fragmente -250/+100 und -250/0 erzielt werden, wobei die Bindung an das letzere Fragment derart stark war, dass kaum noch eine Bande für die ungebundene DNA zu sehen war. Dies lässt wiederum darauf schließen, dass dieser Bereich die vollständige Bindestelle für Ler enthält. Diese Schlussfolgerung stimmt mit der Studie von Torres *et al.* [2007] zur Ler-vermittelten Aktivierung der Transkription des Fimbrien-Gens *lpf* in EHEC überein. Darin beschrieben Torres *et al.* die Bindung von Ler an die Promotorregion des *lpf*-Genes in einem Bereich zwischen 209 bp stromaufwärts und 53 bp stromabwärts des Transkriptionsstarts. Da der Transkriptionsstart von Torres *et al.* 32 bp stromaufwärts des *lpf*-Startcodons lokalisiert werden konnte, entspricht die Ler-bindende Sequenz einem DNA-Fragment von -241/+21, bezogen auf das Startcodon, und ist damit nahezu identisch zu der in der vorliegenden Arbeit ermittelten Bindestelle für Ler im $nleA_{4795}$-Promotorbereich. Wurde die Proteinbindung hingegen mit einem Fragment getestet, dass die 250 bp stromaufwärts des Startcodons nicht mehr enthielt (Fragment -500/-250), konnte durch die resultierende undeutliche Bandenverschiebung nur eine schwache Bindung von Ler nachgewiesen werden. Die Verwendung der beiden größeren DNA-Fragmente -500/100 und -500/0 führte wiederum zu einer sehr deutlichen Bindung von Ler, die sogar in zwei verschobenen Banden, oberhalb der Bande der ungebundenen DNA resultierte. Dies lässt darauf schließen, dass diese DNA-Sequenzen eine zweite Bindestelle für Ler enthalten könnten. Ähnliche Beobachtungen wurden auch von Barba *et al.* [2005] beschrieben, die eine Ler-vermittelte Aktivierung des *grlRA* Operons durch Bindung an einen Bereich zwischen 420 bp stromaufwärts und 213 bp stromabwärts des Transkriptionsstarts demonstrieren konnten. Dies entspricht bei einem ermittelten Transkriptionsstart von 102 bp stromaufwärts des *grlR*-Startcodons wiederum einem DNA-Fragment von -522/+111 bezogen auf das Startcodon. Die Arbeitsgruppe um Barba [2005]

Diskussion

konnte innerhalb dieses Sequenzbereiches zudem die Bindung von Ler an zwei Erkennungssequenzen nachweisen, wobei die vom *grlR*-Startcodon weiter entfernte Bindestelle eine niedrigere Affinität aufwies. Übereinstimmend mit diesen Ergebnissen demonstrieren somit auch die Resultate der vorliegenden Arbeit die Bindung von Ler an die Promotorregion von *nleA*$_{4795}$ in einem Bereich zwischen 250 bp stromaufwärts und 100 bp stromabwärts des Startcodons sowie die mögliche Existenz einer zweiten Bindestelle mit niedrigerer Affinität in einem weiter stromaufwärts liegenden Bereich.

Für den Regulator GrlA hingegen konnte mit Hilfe der EMSAs keine spezifische Bindestelle innerhalb der *nleA*$_{4795}$-Promotorregion ermittelt werden. Die Ergebnisse der durchgeführten EMSAs zeigten zwar eine sehr starke, aber völlig unspezifische Bindung des Regulators an alle getesteten DNA-Fragmente, einschließlich der Negativkontrolle. Diese Resultate stehen im Gegensatz zu denen von Huang und Syu [2008], die zeigen konnten dass GrlA spezifisch an die Promotorregion von *ler* in einem Bereich zwischen 296 bp stromaufwärts und 11 bp stromabwärts des Startcodons bindet. Die in der vorliegenden Arbeit beschriebene unspezifische Bindung von GrlA könnte unter anderem an den verwendeten Bindebedingungen liegen. Da diese für jedes Protein spezifisch sind, gestaltete es sich im Verlauf dieser Arbeit zunächst schwierig, die optimalen Bedingungen für die Bindung von GrlA herauszufinden. Unter den Bedingungen, die für die Bindung des Regulators Ler verwendet wurden, konnten für GrlA keine Bandenverschiebungen erzielt werden. Eine mögliche Erklärung für die unspezifischen Verschiebungen wäre, dass für die EMSAs mit GrlA Bedingungen verwendet wurden, unter denen das Protein, möglicherweise durch Aggregation, unspezifisch an DNA-Fragmente bindet. Dies würde bedeuten, dass trotz der gezeigten deutlichen Bandenverschiebungen keine „wirkliche" Bindung von GrlA an die *nleA*$_{4795}$-Promotorregion stattfindet, und damit nur eine indirekte Regulation der Expression durch diesen Regulator erfolgen kann. In den oben diskutierten Ergebnissen wurde bereits die Hypothese aufgestellt, dass GrlA aufgrund seines geringeren Einflusses auf die Expression nur als sekundärer Regulator fungiert, der die *nleA*$_{4795}$-Expression nur durch eine Stimulation der *ler*-Expression beeinflusst. Diese Hypothese wird durch die Ergebnisse der EMSAs für Ler und GrlA bestätigt.

Im Rahmen dieser Arbeit wurde des Weiteren der Einfluss positiven Regulatoren, die außerhalb des LEE kodiert sind, untersucht. Dafür wurde zunächst die Rolle der Pch-Regulatoren auf die Expression von $nleA_{4795}$ getestet. Diese sind Homologe zu dem plasmidkodierten Regulator PerC in EPEC, einem Aktivator der LEE-Genexpression [Mellies et al., 1999]. Für die Regulatoren PchA, PchB und PchC wurde bereits ein positiver Effekt auf LEE durch eine Induktion der *ler*-Expression nachgewiesen [Iyoda und Watanabe, 2004]. Zudem konnten Abe *et al.* [2008] einen Zusammenhang zwischen den Pch-Regulatoren und der Expression von *nleA* in EHEC O157:H7 nachweisen. Um den Einfluss auf die Expression von $nleA_{4795}$ im *E. coli* Stamm 4795/97 zu untersuchen, wurde in dem bestehenden Reporterstamm MS-10 eine Deletion im *pchA*-Gen erzeugt, und in dem daraus resultierenden Stamm ein weiteres *pch*-Gen deletiert. Der Vergleich der verschiedenen Reporterstämme zeigte, dass die Deletion im *pchA*-Gen keinen Einfluss auf die Expression von $nleA_{4795}$ hatte, die Deletion eines weiteren *pch*-Genes dagegen resultierte in einer deutlichen Reduktion der Expression. Hieraus wird deutlich, dass erst die Deletion von mehr als einem *pch*-Gen einen Effekt auf die Expression ausübt. Ein einzelnes *pch*-Gen, in diesem Fall *pchA*, scheint die $nleA_{4795}$-Expression nicht ausreichend zu beeinflussen. Allerdings führte eine leichte Überexpression von *pchA*, durch Transformation des entsprechenden Komplementationsplasmides, zu einer deutlichen Erhöhung der $nleA_{4795}$-Expression. Diese Ergebnisse konnten, wie schon bei den Untersuchungen zu Ler und GrlA, durch die Resultate der Real-Time PCR bestätigt werden. Die verschiedenen *E. coli* Stämme mit deletierten bzw. komplementierten Genen hatten dabei tendenziell dieselbe Wirkung auf die Expression von $nleA_{4795}$ wie in den Reportergen-Assays. Jedoch konnten durch die Real-Time PCR, wie schon bei Ler und GrlA, deutlich stärkere Effekte gemessen werden. Aber auch mit Hilfe der sensitiveren Real-Time PCR konnte kein Effekt durch die Deletion im einzelnen *pchA*-Gen nachgewiesen werden. Diese Tatsache lässt vermuten, dass nicht die Präsenz von allen Pch-Varianten für die Expression von $nleA_{4795}$ notwendig ist, möglicherweise wird der Ausfall von PchA durch die beiden übrigen Varianten kompensiert. Die künstliche Überexpression von PchA scheint, im Bezug auf die $nleA_{4795}$-Expression, jedoch eine synergistische Wirkung auf die anderen Pch-Regulatoren zu haben. Ähnliche Beobachtungen machten auch Iyoda und Watanabe

[2004] in EHEC O157:H7, die durch Deletion mehrerer *pch*-Varianten eine additiven Effekt auf die LEE-Genexpression beschrieben. Übereinstimmend zu den Ergebnissen der vorliegenden Arbeit erzielten Iyoda und Watanabe keinen Einfluss durch Deletion eines einzelnen Genes, in diesem Fall *pchC*, wohingegen durch eine Vektor-vermittelte Überexpression von *pchC* eine deutliche Erhöhung der LEE-Expression zu sehen war.

Um zu untersuchen, ob der Pch-vermittelte Effekt direkt auf die Expression von *nleA*$_{4795}$, oder indirekt durch Aktivierung der *ler*-Expression hervorgerufen wird, wurden zudem EMSAs mit aufgereinigtem PchA-Protein durchgeführt. Abe *et al.* [2008] konnten mittels Chromosomen-Immunopräzipitation bereits die Bindung von PchA an verschiedenste DNA-Sequenzen demonstrieren. In der vorliegenden Arbeit zeigten die Ergebnisse der EMSAs für PchA jedoch, ähnlich wie die Resultate für GrlA, nur eine unspezifische Bindung des Proteins an alle untersuchten DNA-Fragmente. Die erhaltenen Bandenverschiebungen müssen daher ebenfalls als „unechte" Bindung gewertet werden. Somit kann auch für den Regulator PchA keine direkte Bindung an die *nleA*$_{4795}$-Promotrregion bestätigt werden.

Nachdem in der vorliegenden Arbeit der Einfluss von verschiedenen positiven Regulatoren auf die *nleA*$_{4795}$-Expression bestätigt werden konnte, wurde außerdem die Wirkung von Regulatoren mit negativer regulatorischer Funktion untersucht. Dabei handelte es sich zum einen um den LEE-kodierten Regulator GrlR und zum anderen um den ETT2-kodierten Regulator EtrA. Ausgehend von dem Reporterstamm MS-10 wurden dafür weitere Deletionen in den Genen *grlR* und *etrA* generiert und die Reporterstämme miteinander verglichen. Die Ergebnisse der Reportergen-Assays demonstrierten eindeutig einen Anstieg der *nleA*$_{4795}$-Expression bei deletiertem *grlR*-Gen, was bestätigt, dass dieser Regulator auch auf *nleA*$_{4795}$ einen negativen regulatorischen Einfluss hat. Da vermutet wird, dass GrlR seine negative Funktion durch Bindung und Inhibierung des positiven Regulators GrlA ausübt, wurde in diesem Fall auf EMSAs zur Überprüfung einer direkten Regulation verzichtet [Jobichen *et al.*, 2007]. Im Gegensatz zu GrlR konnte für den Regulator EtrA keine Wirkung auf die Expression von *nleA*$_{4795}$ nachgewiesen werden, obwohl Zhang *et al.* [2004] in EHEC O157:H7 zeigen konnten, dass die Expression der Operons LEE-1, LEE-2, LEE-4 und LEE-5 durch eine Deletion im *etrA*-Gen stark erhöht wird. In der vorliegenden Arbeit wurde für $nleA_{4795}$ bereits eindeutig die Abhängigkeit von dem LEE1-kodierten Regulator Ler demonstriert. Daher wäre zu erwarten gewesen, dass auch der Regulator EtrA die $nleA_{4795}$-Expression beeinflusst, zumindest indirekt durch die EtrA-vermittelte Wirkung auf den Regulator Ler. Eine Erklärung für diese widersprüchlichen Beobachtungen ist schwer zu finden, da bislang wenig über den ETT2-kodierten Regulator EtrA bekannt ist und außer der Studie von Zhang et al. [2004] keine Untersuchungen über weitere regulatorische Funktionen vorliegen. In der Studie von Zhang et al. [2004] wurde, abgesehen von den erwähnten LEE Operons, auch eine leichte Hochregulation des grlR-Genes durch die etrA-Deletion beschrieben. Da GrlR wiederum als negativer Gegenspieler von Ler fungiert und zudem der negative Einfluss auf die Expression von $nleA_{4795}$ demonstriert werden konnte, könnten diese Zusammenhänge ein Grund für den ausbleibenden Einfluss von EtrA sein. Zur Aufklärung dieser Zusammenhänge sind jedoch weitere Untersuchungen mit Hilfe zusätzlicher Deletionsmutanten nötig.

5.4 Resümee und Ausblick

Wie zu Anfang erwähnt, stellt die Untersuchung der zahlreichen außerhalb der Pathogenitätsinsel LEE kodierten Typ III Effektoren, und ihr Zusammenspiel mit der Expression des Typ III Sekretionssystems, ein zentrales Forschungsthema dar. Das Repertoire an nicht-LEE kodierten Effektoren ist für die Pathogenität von STEC Stämmen zwar nicht essentiell, kann aber das pathogene Potential der Bakterien und damit den Krankheitsverlauf von STEC-Infektionen durchaus beeinflussen [García-Angulo et al., 2008]. Um die globale Bedeutung dieser meist durch horizontalen Gentransfer erworbenen Virulenzfaktoren aufzuklären, ist es daher wichtig, die Regulationsmechanismen zu verstehen.

In der vorliegenden Arbeit konnte gezeigt werden, dass die Expression des nicht-LEE-kodierten Typ III Effektors $nleA_{4795}$ von unterschiedlichsten Einflüssen und Faktoren kontrolliert wird. Auf der einen Seite konnte der Nachweis erbracht werden, dass die $nleA_{4795}$-Expression von den Regulatoren Ler, GrlA und GrlR beeinflusst wird und folglich in den Ler-vermittelten Regulationskreis des LEE integriert ist. Ein Nachweis für die Korrelation der $nleA_{4795}$-Expression mit der Expression des Typ III

Sekretionssystems wurde somit erbracht. Zudem konnte gezeigt werden dass auch die außerhalb des LEE kodierten Pch-Regulatoren einen positiven Einfluss auf die Expression von $nleA_{4795}$ ausüben. Auf der anderen Seite spielten verschiedene Umweltbedingungen wie ein reduzierter Nährstoffgehalt, die Behandlung mit Antibiotika oder der Salzgehalt des Mediums eine große Rolle, die die Expression von $nleA_{4795}$ auch unabhängig von dem globalen Regulator Ler beeinflussen konnten.

Für eine umfassendere Aufklärung der Regulationskreisläufe sind jedoch zusätzliche Untersuchungen erforderlich. Interessant wäre beispielsweise die Wirkung von bestimmten Salzkonzentration auf die $nleA_{4795}$-Expression weiter zu charakterisieren. So könnten weitere einwertige Salze wie z.b. Ammoniumchlorid auf ihre Wirkung hin untersucht oder der Einfluss von osmotisch protektiven Substanzen wie Glycin-Betain auf die Expression von $nleA_{4795}$ getestet werden. Auch könnten weitere Versuche mit verschiedenen nährstoffarmen Medien gemacht werden, um aufzuklären, ob die stressbedingte Induktion von $nleA_{4795}$ durch einen Mangel an Aminosäuren oder durch die Reduktion anderer Komponenten verursacht wird. Um die $nleA_{4795}$-Expression auf regulatorischer Ebene weiter zu charakterisieren, könnten zusätzliche Deletionen in Genen, kodierend für potentielle Regulatoren wie z.B. H-NS oder Hha durchgeführt und auf ihren Einfluss hin getestet werden.

Literaturverzeichnis

Abe, H., Miyahara, A., Oshima, T., Tashiro, K., Ogura, Y., Kuhara, S., Ogasawara, N., Hayashi, T., and T. Tobe. 2008. Global regulation by horizontally transferred regulators establishes the pathogenicity of *Escherichia coli*. DNA Res. **15**:25-38.

Ake, J. A., S. Jelacic, M. A. Ciol, S. L. Watkins, K. F. Murray, D. L. Christie, E. J. Klein, and P. I. Tarr. 2005. Relative nephroprotection during *Escherichia coli* O157:H7 infections: association with intravenous volume expansion. Pediatrics **115**:e673-e680.

Appleyard, R. K. 1954. Segregation of New Lysogenic Types during Growth of a Doubly Lysogenic Strain Derived from *Escherichia Coli* K12. Genetics **39**:440-452.

Artsimovitch, I., V. Patlan, S. Sekine, M. N. Vassylyeva, T. Hosaka, K. Ochi, S. Yokoyama, and D. G. Vassylyev. 2004. Structural basis for transcription regulation by alarmone ppGpp. Cell **117**:299-310.

Atlung, T. and H. Ingmer. 1997. H-NS: a modulator of environmentally regulated gene expression. Mol. Microbiol. **24**:7-17.

Barba, J., V. H. Bustamante, M. A. Flores-Valdez, W. Deng, B. B. Finlay, and J. L. Puente. 2005. A positive regulatory loop controls expression of the locus of enterocyte effacement-encoded regulators Ler and GrlA. J. Bacteriol. **187**:7918-7930.

Bassler, B. L., E. P. Greenberg, and A. M. Stevens. 1997. Cross-species induction of luminescence in the quorum-sensing bacterium *Vibrio harveyi*. J. Bacteriol. **179**:4043-4045.

Bassler, B. L., M. Wright, R. E. Showalter, and M. R. Silverman. 1993. Intercellular signalling in *Vibrio harveyi*: sequence and function of genes regulating expression of luminescence. Mol. Microbiol. **9**:773-786.

Bassler, B. L., M. Wright, and M. R. Silverman. 1994. Multiple signalling systems controlling expression of luminescence in *Vibrio harveyi*: sequence and function of genes encoding a second sensory pathway. Mol. Microbiol. **13**:273-286.

Beltrametti, F., A. U. Kresse, and C. A. Guzman. 1999. Transcriptional regulation of the *esp* genes of enterohemorrhagic *Escherichia coli*. J. Bacteriol. **181**:3409-3418.

Berdichevsky, T., D. Friedberg, C. Nadler, A. Rokney, A. Oppenheim, and I. Rosenshine. 2005. Ler is a negative autoregulator of the LEE1 operon in enteropathogenic *Escherichia coli*. J. Bacteriol. **187**:349-357.

Bettelheim, K. A. 1986. Commemoration of the publication 100 years ago of the papers by Dr. Th. Escherich in which are described for the first time the organisms that bear his name. **Zentralbl Bakteriol Mikrobiol Hyg A. 261:255–265.**

Beumer, R. R., V. J. de, and F. M. Rombouts. 1992. *Campylobacter jejuni* non-culturable coccoid cells. Int. J. Food Microbiol. **15**:153-163.

Boerlin, P., S. A. McEwen, F. Boerlin-Petzold, J. B. Wilson, R. P. Johnson, and C. L. Gyles. 1999. Associations between virulence factors of Shiga toxin-producing *Escherichia coli* and disease in humans. J. Clin. Microbiol. **37**:497-503.

Bonner, C. A., S. Hays, K. McEntee, and M. F. Goodman. 1990. DNA polymerase II is encoded by the DNA damage-inducible *dinA* gene of *Escherichia coli*. Proc. Natl. Acad. Sci. U. S. A **87**:7663-7667.

Brooks, J. T., E. G. Sowers, J. G. Wells, K. D. Greene, P. M. Griffin, R. M. Hoekstra, and N. A. Strockbine. 2005. Non-O157 Shiga toxin-producing *Escherichia coli* infections in the United States, 1983-2002. J. Infect. Dis. **192**:1422-1429.

Brunder, W., H. Schmidt, and H. Karch. 1996. KatP, a novel catalase-peroxidase encoded by the large plasmid of enterohaemorrhagic *Escherichia coli* O157:H7. Microbiology **142 (Pt 11)**:3305-3315.

Brunder, W., H. Schmidt, and H. Karch. 1997. EspP, a novel extracellular serine protease of enterohaemorrhagic *Escherichia coli* O157:H7 cleaves human coagulation factor V. Mol. Microbiol. **24**:767-778.

Burk, C., R. Dietrich, G. Acar, M. Moravek, M. Bulte, and E. Martlbauer. 2003. Identification and characterization of a new variant of Shiga toxin 1 in *Escherichia coli* ONT:H19 of bovine origin. J. Clin. Microbiol. **41**:2106-2112.

Bustamante, V. H., F. J. Santana, E. Calva, and J. L. Puente. 2001. Transcriptional regulation of type III secretion genes in enteropathogenic *Escherichia coli*: Ler antagonizes H-NS-dependent repression. Mol. Microbiol. **39**:664-678.

Calladine, C. R., H. R. Drew; B. F. Luisi; and A. A. Travers. 2004. Understanding DNA: the molecule and how it works. Elsevier Academic Press, San Diego, California.

Callaway, T. R., M. A. Carr, T. S. Edrington, R. C. Anderson, and D. J. Nisbet. 2009. Diet, *Escherichia coli* O157:H7, and cattle: a review after 10 years. Curr. Issues Mol. Biol. **11**:67-79.

Campbell, A. 1994. Comparative molecular biology of lambdoid phages. Annu. Rev. Microbiol. **48**:193-222.

Campellone, K. G., D. Robbins, and J. M. Leong. 2004. EspFU is a translocated EHEC effector that interacts with Tir and N-WASP and promotes Nck-independent actin assembly. Dev. Cell **7**:217-228.

Caprioli, A., S. Morabito, H. Brugere, and E. Oswald. 2005. Enterohaemorrhagic *Escherichia coli*: emerging issues on virulence and modes of transmission. Vet. Res. **36**:289-311.

Centers for Disease Control and Prevention (CDC). 2008. *Escherichia coli* O157:H7 infections in children associated with raw milk and raw colostrum from cows--California, 2006. MMWR. **57**;625-628.

Chang, D. E., D. J. Smalley, and T. Conway. 2002. Gene expression profiling of *Escherichia coli* growth transitions: an expanded stringent response model. Mol. Microbiol. **45**:289-306.

Chatterji, D. and A. K. Ojha. 2001. Revisiting the stringent response, ppGpp and starvation signaling. Curr. Opin. Microbiol. **4**:160-165.

Chen, X., S. Schauder, N. Potier, D. A. Van, I. Pelczer, B. L. Bassler, and F. M. Hughson. 2002. Structural identification of a bacterial quorum-sensing signal containing boron. Nature **415**:545-549.

Cheung, C., J. Lee, J. Lee, and O. Shevchuk. 2009. The Effect of Ionic (NaCl) and Non-ionic (Sucrose) Osmotic Stress on the Expression of β-galactosidase in Wild Type *E. coli* BW25993 and in the Isogenic BW25993Δ*lacI* Mutant. J. Exp. Microbiol. Immunol. **13**: 1 – 6

Clarke, M. B., D. T. Hughes, C. Zhu, E. C. Boedeker, and V. Sperandio. 2006. The QseC sensor kinase: a bacterial adrenergic receptor. Proc. Natl. Acad. Sci. U. S. A **103**:10420-10425.

Clarke, M. B. and V. Sperandio. 2005. Transcriptional regulation of *flhDC* by QseBC and sigma (FliA) in enterohaemorrhagic *Escherichia coli*. Mol. Microbiol. **57**:1734-1749.

Craig, N. L. and J. W. Roberts. 1981. Function of nucleoside triphosphate and polynucleotide in *Escherichia coli recA* protein-directed cleavage of phage lambda repressor. J. Biol. Chem. **256**:8039-8044.

Crepin, V. F., S. Prasannan, R. K. Shaw, R. K. Wilson, E. Creasey, C. M. Abe, S. Knutton, G. Frankel, and S. Matthews. 2005. Structural and functional studies of the enteropathogenic *Escherichia coli* type III needle complex protein EscJ. Mol. Microbiol. **55**:1658-1670.

Creuzburg, K., J. Recktenwald, V. Kuhle, S. Herold, M. Hensel, and H. Schmidt. 2005. The Shiga toxin 1-converting bacteriophage BP-4795 encodes an NleA-like type III effector protein. J. Bacteriol. **187**:8494-8498.

Creuzburg, K. and H. Schmidt. 2007. Molecular characterization and distribution of genes encoding members of the type III effector *nleA* family among pathogenic *Escherichia coli* strains. J. Clin. Microbiol. **45**:2498-2507.

Literaturverzeichnis

Dahan, S., S. Wiles, R. M. La Ragione, A. Best, M. J. Woodward, M. P. Stevens, R. K. Shaw, Y. Chong, S. Knutton, A. Phillips, and G. Frankel. 2005. EspJ is a prophage-carried type III effector protein of attaching and effacing pathogens that modulates infection dynamics. Infect. Immun. **73**:679-686.

Dai, X. and L. B. Rothman-Denes. 1999. DNA structure and transcription. Curr. Opin. Microbiol. **2**:126-130.

Daniell, S. J., E. Kocsis, E. Morris, S. Knutton, F. P. Booy, and G. Frankel. 2003. 3D structure of EspA filaments from enteropathogenic *Escherichia coli*. Mol. Microbiol. **49**:301-308.

Datsenko, K. A. and B. L. Wanner. 2000. One-step inactivation of chromosomal genes in *Escherichia coli* K-12 using PCR products. Proc. Natl. Acad. Sci. U. S. A **97**:6640-6645.

Dean, P. and B. Kenny. 2004. Intestinal barrier dysfunction by enteropathogenic *Escherichia coli* is mediated by two effector molecules and a bacterial surface protein. Mol. Microbiol. **54**:665-675.

Delahay, R. M., S. Knutton, R. K. Shaw, E. L. Hartland, M. J. Pallen, and G. Frankel. 1999. The coiled-coil domain of EspA is essential for the assembly of the type III secretion translocon on the surface of enteropathogenic *Escherichia coli*. J. Biol. Chem. **274**:35969-35974.

Deng, W., J. L. Puente, S. Gruenheid, Y. Li, B. A. Vallance, A. Vazquez, J. Barba, J. A. Ibarra, P. O'Donnell, P. Metalnikov, K. Ashman, S. Lee, D. Goode, T. Pawson, and B. B. Finlay. 2004. Dissecting virulence: systematic and functional analyses of a pathogenicity island. Proc. Natl. Acad. Sci. U. S. A **101**:3597-3602.

Desch, K. and D. Motto. 2007. Is there a shared pathophysiology for thrombotic thrombocytopenic purpura and hemolytic-uremic syndrome?. J. Am. Soc. Nephrol. **18**:2457-2460.

DeVinney, R., J. L. Puente, A. Gauthier, D. Goosney, and B. B. Finlay. 2001. Enterohaemorrhagic and enteropathogenic *Escherichia coli* use a different Tir-based mechanism for pedestal formation. Mol. Microbiol. **41**:1445-1458.

Dong, T., B. K. Coombes, and H. E. Schellhorn. 2009. Role of RpoS in the virulence of *Citrobacter rodentium*. Infect. Immun. **77**:501-507.

Dong, T. and H. E. Schellhorn. 2009. Global effect of RpoS on gene expression in pathogenic *Escherichia coli* O157:H7 strain EDL933. BMC. Genomics **10**:349.

Drlica, K. and X. Zhao. 1997. DNA gyrase, topoisomerase IV, and the 4-quinolones. Microbiol. Mol. Biol. Rev. **61**:377-392.

Echtenkamp, F., W. Deng, M. E. Wickham, A. Vazquez, J. L. Puente, A. Thanabalasuriar, S. Gruenheid, B. B. Finlay, and P. R. Hardwidge. 2008. Characterization of the NleF effector protein from attaching and effacing bacterial pathogens. FEMS Microbiol. Lett. **281**:98-107.

Elliott, S. J., V. Sperandio, J. A. Giron, S. Shin, J. L. Mellies, L. Wainwright, S. W. Hutcheson, T. K. McDaniel, and J. B. Kaper. 2000. The locus of enterocyte effacement (LEE)-encoded regulator controls expression of both LEE- and non-LEE-encoded virulence factors in enteropathogenic and enterohemorrhagic *Escherichia coli*. Infect. Immun. **68**:6115-6126.

Elliott, S. J., L. A. Wainwright, T. K. McDaniel, K. G. Jarvis, Y. K. Deng, L. C. Lai, B. P. McNamara, M. S. Donnenberg, and J. B. Kaper. 1998. The complete sequence of the locus of enterocyte effacement (LEE) from enteropathogenic *Escherichia coli* E2348/69. Mol. Microbiol. **28**:1-4.

Erwert, R. D., K. T. Eiting, J. C. Tupper, R. K. Winn, J. M. Harlan, and D. D. Bannerman. 2003. Shiga toxin induces decreased expression of the anti-apoptotic protein Mcl-1 concomitant with the onset of endothelial apoptosis. Microb. Pathog. **35**:87-93.

Fernandez De Henestrosa, A. R., T. Ogi, S. Aoyagi, D. Chafin, J. J. Hayes, H. Ohmori, and R. Woodgate. 2000. Identification of additional genes belonging to the LexA regulon in *Escherichia coli*. Mol. Microbiol. **35**:1560-1572.

Foster, P. L. 2007. Stress-induced mutagenesis in bacteria. Crit Rev. Biochem. Mol. Biol. **42**:373-397.

Frankel, G. and A. D. Phillips. 2008. Attaching effacing *Escherichia coli* and paradigms of Tir-triggered actin polymerization: getting off the pedestal. Cell Microbiol. **10**:549-556.

Friedberg, D., T. Umanski, Y. Fang, and I. Rosenshine. 1999. Hierarchy in the expression of the locus of enterocyte effacement genes of enteropathogenic *Escherichia coli*. Mol. Microbiol. **34**:941-952.

Fuchs, R. P., S. Fujii, and J. Wagner. 2004. Properties and functions of *Escherichia coli*: Pol IV and Pol V. Adv. Protein Chem. **69**:229-264.

Fuqua, C. and E. P. Greenberg. 1998. Cell-to-cell communication in *Escherichia coli* and *Salmonella typhimurium*: they may be talking, but who's listening? Proc. Natl. Acad. Sci. U. S. A **95**:6571-6572.

Fuqua, W. C., S. C. Winans, and E. P. Greenberg. 1994. Quorum sensing in bacteria: the LuxR-LuxI family of cell density-responsive transcriptional regulators. J. Bacteriol. **176**:269-275.

García-Angulo, V. A., W. Deng, N. A. Thomas, B. B. Finlay, and J. L. Puente. 2008. Regulation of expression and secretion of NleH, a new non-locus of enterocyte effacement-encoded effector in *Citrobacter rodentium*. J. Bacteriol. **190**:2388-2399.

Garmendia, J. and G. Frankel. 2005. Operon structure and gene expression of the *espJ--tccP* locus of enterohaemorrhagic *Escherichia coli* O157:H7. FEMS Microbiol. Lett. **247**:137-145.

Literaturverzeichnis

Garmendia, J., G. Frankel, and V. F. Crepin. 2005. Enteropathogenic and enterohemorrhagic *Escherichia coli* infections: translocation, translocation, translocation. Infect. Immun. **73**:2573-2585.

Garmendia, J., A. D. Phillips, M. F. Carlier, Y. Chong, S. Schuller, O. Marches, S. Dahan, E. Oswald, R. K. Shaw, S. Knutton, and G. Frankel. 2004. TccP is an enterohaemorrhagic *Escherichia coli* O157:H7 type III effector protein that couples Tir to the actin-cytoskeleton. Cell Microbiol. **6**:1167-1183.

Gauthier, A., J. L. Puente, and B. B. Finlay. 2003. Secretin of the enteropathogenic *Escherichia coli* type III secretion system requires components of the type III apparatus for assembly and localization. Infect. Immun. **71**:3310-3319.

Gerlach, R. G., S. U. Holzer, D. Jackel, and M. Hensel. 2007. Rapid engineering of bacterial reporter gene fusions by using Red recombination. Appl. Environ. Microbiol. **73**:4234-4242.

Geue, L., M. Segura-Alvarez, F. J. Conraths, T. Kuczius, J. Bockemuhl, H. Karch, and P. Gallien. 2002. A long-term study on the prevalence of shiga toxin-producing *Escherichia coli* (STEC) on four German cattle farms. Epidemiol. Infect. **129**:173-185.

Gruenheid, S., I. Sekirov, N. A. Thomas, W. Deng, P. O'Donnell, D. Goode, Y. Li, E. A. Frey, N. F. Brown, P. Metalnikov, T. Pawson, K. Ashman, and B. B. Finlay. 2004. Identification and characterization of NleA, a non-LEE-encoded type III translocated virulence factor of enterohaemorrhagic *Escherichia coli* O157:H7. Mol. Microbiol. **51**:1233-1249.

Haack, K. R., C. L. Robinson, K. J. Miller, J. W. Fowlkes, and J. L. Mellies. 2003. Interaction of Ler at the LEE5 (*tir*) operon of enteropathogenic *Escherichia coli*. Infect. Immun. **71**:384-392.

Habdas, B. J., J. Smart, J. B. Kaper, and V. Sperandio. 2010. The LysR-type transcriptional regulator QseD alters type three secretion in enterohemorrhagic *Escherichia coli* and motility in K-12 *Escherichia coli*. J. Bacteriol. **192**:3699-3712.

Hall,T.A. 1999. BioEdit: a user-friendly biological sequence alignment editor and analysis program for Windows 95/98/NT. Nucl Acids Symp Ser **41**: 95-98.

Hatfield, G. W. and C. J. Benham. 2002. DNA topology-mediated control of global gene expression in *Escherichia coli*. Annu. Rev. Genet. **36**:175-203.

Hemrajani, C., O. Marches, S. Wiles, F. Girard, A. Dennis, F. Dziva, A. Best, A. D. Phillips, C. N. Berger, A. Mousnier, V. F. Crepin, L. Kruidenier, M. J. Woodward, M. P. Stevens, R. M. La Ragione, T. T. MacDonald, and G. Frankel. 2008. Role of NleH, a type III secreted effector from attaching and effacing pathogens, in colonization of the bovine, ovine, and murine gut. Infect. Immun. **76**:4804-4813.

Hendrix, R.W., J.G. Lawrence, G.F. Hatfull, and S.Casjens. 2000. The origins and ongoing evolution of viruses. Trends Microbiol. **8**:504-8.

Hengge-Aronis, R. 2002. Signal transduction and regulatory mechanisms involved in control of the sigma(S) (RpoS) subunit of RNA polymerase. Microbiol. Mol. Biol. Rev. **66**:373-95.

Herold, S., H. Karch, and H. Schmidt. 2004. Shiga toxin-encoding bacteriophages--genomes in motion. Int. J. Med. Microbiol. **294**:115-121.

Herold, S., J. Siebert, A. Huber, and H. Schmidt. 2005. Global expression of prophage genes in *Escherichia coli* O157:H7 strain EDL933 in response to norfloxacin. Antimicrob. Agents Chemother. **49**:931-944.

Higgins, C. F., C. J. Dorman, D. A. Stirling, L. Waddell, I. R. Booth, G. May, and E. Bremer. 1988. A physiological role for DNA supercoiling in the osmotic regulation of gene expression in S. typhimurium and *E. coli*. Cell **52**:569-584.

Holmes, A., S. Muhlen, A. J. Roe, and P. Dean. 2010. The EspF effector - a bacterial pathogen's Swiss army knife. Infect. Immun.

Horii, T., T. Ogawa, T. Nakatani, T. Hase, H. Matsubara, and H. Ogawa. 1981. Regulation of SOS functions: purification of *E. coli* LexA protein and determination of its specific site cleaved by the RecA protein. Cell **27**:515-522.

Hussein, H. S. 2007. Prevalence and pathogenicity of Shiga toxin-producing *Escherichia coli* in beef cattle and their products. J. Anim Sci. **85**:E63-E72.

Iyoda, S. and H. Watanabe. 2004. Positive effects of multiple *pch* genes on expression of the locus of enterocyte effacement genes and adherence of enterohaemorrhagic *Escherichia coli* O157 : H7 to HEp-2 cells. Microbiology **150**:2357-2571.

Iyoda, S. and H. Watanabe. 2005. ClpXP protease controls expression of the type III protein secretion system through regulation of RpoS and GrlR levels in enterohemorrhagic *Escherichia coli*. J. Bacteriol. **187**:4086-4094.

Janion, C. 2008. Inducible SOS response system of DNA repair and mutagenesis in *Escherichia coli*. Int. J. Biol. Sci. **4**:338-344.

Janka, A., M. Bielaszewska, U. Dobrindt, L. Greune, M. A. Schmidt, and H. Karch. 2003. Cytolethal distending toxin gene cluster in enterohemorrhagic *Escherichia coli* O157:H- and O157:H7: characterization and evolutionary considerations. Infect. Immun. **71**:3634-3638.

Jobichen, C., A. Z. Fernandis, A. Velazquez-Campoy, K. Y. Leung, Y. K. Mok, M. R. Wenk, and J. Sivaraman. 2009. Identification and characterization of the lipid-binding property of GrlR, a locus of enterocyte effacement regulator. Biochem. J. **420**:191-199.

Jobichen, C., M. Li, G. Yerushalmi, Y. W. Tan, Y. K. Mok, I. Rosenshine, K. Y. Leung, and J. Sivaraman. 2007. Structure of GrlR and the implication of its EDED motif in mediating the regulation of type III secretion system in EHEC. PLoS. Pathog. **3**:e69.

Johansen, B. K., Y. Wasteson, P. E. Granum, and S. Brynestad. 2001. Mosaic structure of Shiga-toxin-2-encoding phages isolated from *Escherichia coli* O157:H7 indicates frequent gene exchange between lambdoid phage genomes. Microbiology **147**:1929-1936.

Johnson, S. and C. M. Taylor. 2008. What's new in haemolytic uraemic syndrome?. Eur. J. Pediatr. **167**:965-971.

Jores, J., S. Wagner, L. Rumer, J. Eichberg, C. Laturnus, P. Kirsch, P. Schierack, H. Tschape, and L. H. Wieler. 2005. Description of a 111-kb pathogenicity island (PAI) encoding various virulence features in the enterohemorrhagic *E. coli* (EHEC) strain RW1374 (O103:H2) and detection of a similar PAI in other EHEC strains of serotype O103:H2. Int. J. Med. Microbiol. **294**:417-425.

Kanamaru, K., K. Kanamaru, I. Tatsuno, T. Tobe, and C. Sasakawa. 2000. Regulation of virulence factors of enterohemorrhagic *Escherichia coli* O157:H7 by self-produced extracellular factors. Biosci. Biotechnol. Biochem. **64**:2508-2511.

Karch, H., P. I. Tarr, and M. Bielaszewska. 2005. Enterohaemorrhagic *Escherichia coli* in human medicine. Int. J. Med. Microbiol. **295**:405-418.

Kempner, E. S. and F. E. Hanson. 1968. Aspects of light production by *Photobacterium fischeri*. J. Bacteriol. **95**:975-979.

Kendall, M. M., D. A. Rasko, and V. Sperandio. 2007. Global effects of the cell-to-cell signaling molecules autoinducer-2, autoinducer-3, and epinephrine in a *luxS* mutant of enterohemorrhagic *Escherichia coli*. Infect. Immun. **75**:4875-4884.

Kenny, B., R. DeVinney, M. Stein, D. J. Reinscheid, E. A. Frey, and B. B. Finlay. 1997. Enteropathogenic *E. coli* (EPEC) transfers its receptor for intimate adherence into mammalian cells. Cell **91**:511-520.

Kenny, B. and M. Jepson. 2000. Targeting of an enteropathogenic *Escherichia coli* (EPEC) effector protein to host mitochondria. Cell Microbiol. **2**:579-590.

Kim, J., A. Thanabalasuriar, T. Chaworth-Musters, J. C. Fromme, E. A. Frey, P. I. Lario, P. Metalnikov, K. Rizg, N. A. Thomas, S. F. Lee, E. L. Hartland, P. R. Hardwidge, T. Pawson, N. C. Strynadka, B. B. Finlay, R. Schekman, and S. Gruenheid. 2007. The bacterial virulence factor NleA inhibits cellular protein secretion by disrupting mammalian COPII function. Cell Host. Microbe **2**:160-171.

Kimmitt, P. T., C. R. Harwood, and M. R. Barer. 2000. Toxin gene expression by shiga toxin-producing *Escherichia coli:* the role of antibiotics and the bacterial SOS response. Emerg. Infect. Dis. **6**:458-465.

Knutton, S., I. Rosenshine, M. J. Pallen, I. Nisan, B. C. Neves, C. Bain, C. Wolff, G. Dougan, and G. Frankel. 1998. A novel EspA-associated surface organelle of enteropathogenic *Escherichia coli* involved in protein translocation into epithelial cells. EMBO J. **17**:2166-2176.

Kodama, T., Y. Akeda, G. Kono, A. Takahashi, K. Imura, T. Iida, and T. Honda. 2002. The EspB protein of enterohaemorrhagic *Escherichia coli* interacts directly with alpha-catenin. Cell Microbiol. **4**:213-222.

Konowalchuk, J., J. I. Speirs, and S. Stavric. 1977. Vero response to a cytotoxin of *Escherichia coli*. Infect. Immun. **18**:775-779.

Kurushima, J., T. Nagai, K. Nagamatsu, and A. Abe. 2010. EspJ effector in enterohemorrhagic *E. coli* translocates into host mitochondria via an atypical mitochondrial targeting signal. Microbiol. Immunol. **54**:371-379.

Kvint, K., A. Farewell, and T. Nystrom. 2000. RpoS-dependent promoters require guanosine tetraphosphate for induction even in the presence of high levels of sigma(s). J. Biol. Chem. **275**:14795-14798.

Laaberki, M. H., N. Janabi, E. Oswald, and F. Repoila. 2006. Concert of regulators to switch on LEE expression in enterohemorrhagic *Escherichia coli* O157:H7: interplay between Ler, GrlA, HNS and RpoS. Int. J. Med. Microbiol. **296**:197-210.

Laemmli, U. K. 1970. Cleavage of structural proteins during the assembly of the head of bacteriophage T4. Nature **227**:680-685.

Lehmann, A. R. 2006. New functions for Y family polymerases. Mol. Cell **24**:493-495.

Leung, P. H., J. S. Peiris, W. W. Ng, R. M. Robins-Browne, K. A. Bettelheim, and W. C. Yam. 2003. A newly discovered verotoxin variant, VT2g, produced by bovine verocytotoxigenic *Escherichia coli.* Appl. Environ. Microbiol. **69**:7549-7553.

Levandovsky, M., D. Harvey, P. Lara, and T. Wun. 2008. Thrombotic thrombocytopenic purpura-hemolytic uremic syndrome (TTP-HUS): a 24-year clinical experience with 178 patients. J. Hematol. Oncol. **1**:23.

Lim, J. Y., J. Yoon, and C. J. Hovde. 2010. A brief overview of *Escherichia coli* O157:H7 and its plasmid O157. J. Microbiol. Biotechnol. **20**:5-14.

Little, J. W., D. W. Mount, and C. R. Yanisch-Perron. 1981. Purified *lexA* protein is a repressor of the *recA* and *lexA* genes. Proc. Natl. Acad. Sci. U. S. A **78**:4199-4203.

Los, J. M., M. Los, A. Wegrzyn, and G. Wegrzyn. 2010. Hydrogen peroxide-mediated induction of the Shiga toxin-converting lambdoid prophage ST2-8624 in *Escherichia coli* O157:H7. FEMS Immunol. Med. Microbiol. **58**:322-329.

Madrid, C., C. Balsalobre, J. Garcia, and A. Juarez. 2007. The novel Hha/YmoA family of nucleoid-associated proteins: use of structural mimicry to modulate the activity of the H-NS family of proteins. Mol. Microbiol. **63**:7-14.

Magnusson, L. U., A. Farewell, and T. Nystrom. 2005. ppGpp: a global regulator in *Escherichia coli.* Trends Microbiol. **13**:236-242.

Marchès, O., V. Covarelli, S. Dahan, C. Cougoule, P. Bhatta, G. Frankel, and E. Caron. 2008. EspJ of enteropathogenic and enterohaemorrhagic *Escherichia coli* inhibits opsono-phagocytosis. Cell Microbiol. **10**:1104-1115.

Marchès, O., T. N. Ledger, M. Boury, M. Ohara, X. Tu, F. Goffaux, J. Mainil, I. Rosenshine, M. Sugai, R. J. De, and E. Oswald. 2003. Enteropathogenic and enterohaemorrhagic *Escherichia coli* deliver a novel effector called Cif, which blocks cell cycle G2/M transition. Mol. Microbiol. **50**:1553-1567.

Marlovits, T. C., T. Kubori, A. Sukhan, D. R. Thomas, J. E. Galan, and V. M. Unger. 2004. Structural insights into the assembly of the type III secretion needle complex. Science **306**:1040-1042.

Matsushiro, A., K. Sato, H. Miyamoto, T. Yamamura, and T. Honda. 1999. Induction of prophages of enterohemorrhagic *Escherichia coli* O157:H7 with norfloxacin. J. Bacteriol. **181**:2257-2260.

McDaniel, T. K., K. G. Jarvis, M. S. Donnenberg, and J. B. Kaper. 1995. A genetic locus of enterocyte effacement conserved among diverse enterobacterial pathogens. Proc. Natl. Acad. Sci. U. S. A **92**:1664-1668.

Mellies, J. L., S. J. Elliott, V. Sperandio, M. S. Donnenberg, and J. B. Kaper. 1999. The Per regulon of enteropathogenic *Escherichia coli* : identification of a regulatory cascade and a novel transcriptional activator, the locus of enterocyte effacement (LEE)-encoded regulator (Ler). Mol. Microbiol. **33**:296-306.

Mellies, J. L., K. R. Haack, and D. C. Galligan. 2007. SOS regulation of the type III secretion system of enteropathogenic *Escherichia coli*. J. Bacteriol. **189**:2863-2872.

Melton-Celsa, A. R., S. C. Darnell, and A. D. O'Brien. 1996. Activation of Shiga-like toxins by mouse and human intestinal mucus correlates with virulence of enterohemorrhagic *Escherichia coli* O91:H21 isolates in orally infected, streptomycin-treated mice. Infect. Immun. **64**:1569-1576.

Mitobe, J., T. Morita-Ishihara, A. Ishihama, and H. Watanabe. 2009. Involvement of RNA-binding protein Hfq in the osmotic-response regulation of *invE* gene expression in *Shigella sonnei*. BMC. Microbiol. **9**:110.

Mohawk, K. L., A. R. Melton-Celsa, C. M. Robinson, and A. D. O'Brien. 2010. Neutralizing antibodies to Shiga toxin type 2 (Stx2) reduce colonization of mice by Stx2-expressing *Escherichia coli* O157:H7. Vaccine **28**:4777-4785.

Mulvey, G. L., P. Marcato, P. I. Kitov, J. Sadowska, D. R. Bundle, and G. D. Armstrong. 2003. Assessment in mice of the therapeutic potential of tailored, multivalent Shiga toxin carbohydrate ligands. J. Infect. Dis. **187**:640-649.

Mundy, R., C. Jenkins, J. Yu, H. Smith, and G. Frankel. 2004 a. Distribution of *espI* among clinical enterohaemorrhagic and enteropathogenic Escherichia coli isolates. J. Med. Microbiol. **53**:1145-1149.

Mundy, R., L. Petrovska, K. Smollett, N. Simpson, R. K. Wilson, J. Yu, X. Tu, I. Rosenshine, S. Clare, G. Dougan, and G. Frankel. 2004 b. Identification of a novel *Citrobacter rodentium* type III secreted protein, EspI, and roles of this and other secreted proteins in infection. Infect. Immun. **72**:2288-2302.

Muniesa, M., J. E. Blanco, S. M. De, R. Serra-Moreno, A. R. Blanch, and J. Jofre. 2004. Diversity of *stx2* converting bacteriophages induced from Shiga-toxin-producing *Escherichia coli* strains isolated from cattle. Microbiology **150**:2959-2971.

Müsken, A., M. Bielaszewska, L. Greune, C. H. Schweppe, J. Muthing, H. Schmidt, M. A. Schmidt, H. Karch, and W. Zhang. 2008. Anaerobic conditions promote expression of Sfp fimbriae and adherence of sorbitol-fermenting enterohemorrhagic *Escherichia coli* O157:NM to human intestinal epithelial cells. Appl. Environ. Microbiol. **74**:1087-1093.

Nakanishi, N., H. Abe, Y. Ogura, T. Hayashi, K. Tashiro, S. Kuhara, N. Sugimoto, and T. Tobe. 2006. ppGpp with DksA controls gene expression in the locus of enterocyte effacement (LEE) pathogenicity island of enterohaemorrhagic *Escherichia coli* through activation of two virulence regulatory genes. Mol. Microbiol. **61**:194-205.

Nart, P., S. W. Naylor, J. F. Huntley, I. J. McKendrick, D. L. Gally, and J. C. Low. 2008. Responses of cattle to gastrointestinal colonization by *Escherichia coli* O157:H7. Infect. Immun. **76**:5366-5372.

Nash, K. L. and A. M. Lever. 2004. Green fluorescent protein: green cells do not always indicate gene expression. Gene Ther. **11**:882-883.

Nataro, J. P. and J. B. Kaper. 1998. Diarrheagenic *Escherichia coli*. Clin. Microbiol. Rev. **11**:142-201.

Nealson, K. H., T. Platt, and J. W. Hastings. 1970. Cellular control of the synthesis and activity of the bacterial luminescent system. J. Bacteriol. **104**:313-322.

Neely, M. N. and D. I. Friedman. 1998. Functional and genetic analysis of regulatory regions of coliphage H-19B: location of shiga-like toxin and lysis genes suggest a role for phage functions in toxin release. Mol. Microbiol. **28**:1255-1267.

Newton, H. J., J. S. Pearson, L. Badea, M. Kelly, M. Lucas, G. Holloway, K. M. Wagstaff, M. A. Dunstone, J. Sloan, J. C. Whisstock, J. B. Kaper, R. M. Robins-Browne, D. A. Jans, G. Frankel, A. D. Phillips, B. S. Coulson, and E. L. Hartland. 2010. The type III effectors NleE and NleB from enteropathogenic *E. coli* and OspZ from *Shigella* block nuclear translocation of NF-kappaB p65. PLoS. Pathog. **6**:e1000898.

Noris, M. and G. Remuzzi. 2005. Hemolytic uremic syndrome. J. Am. Soc. Nephrol. **16**:1035-1050.

O'Brien, A. D. and G. D. LaVeck. 1983. Purification and characterization of a *Shigella dysenteriae* 1-like toxin produced by *Escherichia coli*. Infect. Immun. **40**:675-683.

O'Brien, A. D., T.A. Lively, M.E. Chen, S.W. Rothman, and S.B. Formal. 1983. *Escherichia coli* O157:H7 strains associated with haemorrhagic colitis in the United States produce a Shigella dysenteriae 1 (SHIGA) like cytotoxin. Lancet **1**: 702.

O'Brien, A. D., J. W. Newland, S. F. Miller, R. K. Holmes, H. W. Smith, and S. B. Formal. 1984. Shiga-like toxin-converting phages from *Escherichia coli* strains that cause hemorrhagic colitis or infantile diarrhea. Science **226**:694-696.

Ogino, T., R. Ohno, K. Sekiya, A. Kuwae, T. Matsuzawa, T. Nonaka, H. Fukuda, S. Imajoh-Ohmi, and A. Abe. 2006. Assembly of the type III secretion apparatus of enteropathogenic *Escherichia coli*. J. Bacteriol. **188**:2801-2811.

Orth, D., A. B. Khan, A. Naim, K. Grif, J. Brockmeyer, H. Karch, M. Joannidis, S. J. Clark, A. J. Day, S. Fidanzi, H. Stoiber, M. P. Dierich, L. B. Zimmerhackl, and R. Wurzner. 2009. Shiga toxin activates complement and binds factor H: evidence for an active role of complement in hemolytic uremic syndrome. J. Immunol. **182**:6394-6400.

Paton, A. W., P. Srimanote, U. M. Talbot, H. Wang, and J. C. Paton. 2004. A new family of potent AB(5) cytotoxins produced by Shiga toxigenic *Escherichia coli*. J. Exp. Med. **200**:35-46.

Paton, J. C. and A. W. Paton. 1998. Pathogenesis and diagnosis of Shiga toxin-producing *Escherichia coli* infections. Clin. Microbiol. Rev. **11**:450-479.

Paul, B. J., M. M. Barker, W. Ross, D. A. Schneider, C. Webb, J. W. Foster, and R. L. Gourse. 2004. DksA: a critical component of the transcription initiation machinery that potentiates the regulation of rRNA promoters by ppGpp and the initiating NTP. Cell **118**:311-322.

Paul, B. J., M. B. Berkmen, and R. L. Gourse. 2005. DksA potentiates direct activation of amino acid promoters by ppGpp. Proc. Natl. Acad. Sci. U. S. A **102**:7823-7828.

Perederina, A., V. Svetlov, M. N. Vassylyeva, T. H. Tahirov, S. Yokoyama, I. Artsimovitch, and D. G. Vassylyev. 2004. Regulation through the secondary channel--structural framework for ppGpp-DksA synergism during transcription. Cell **118**:297-309.

Perna, N. T., G. F. Mayhew, G. Posfai, S. Elliott, M. S. Donnenberg, J. B. Kaper, and F. R. Blattner. 1998. Molecular evolution of a pathogenicity island from enterohemorrhagic *Escherichia coli* O157:H7. Infect. Immun. **66**:3810-3817.

Perna, N. T., G. Plunkett, III, V. Burland, B. Mau, J. D. Glasner, D. J. Rose, G. F. Mayhew, P. S. Evans, J. Gregor, H. A. Kirkpatrick, G. Posfai, J. Hackett, S. Klink, A. Boutin, Y. Shao, L. Miller, E. J. Grotbeck, N. W. Davis, A. Lim, E. T. Dimalanta, K. D. Potamousis, J. Apodaca, T. S. Anantharaman, J. Lin, G. Yen, D. C. Schwartz, R. A. Welch, and F. R. Blattner. 2001. Genome sequence of enterohaemorrhagic *Escherichia coli* O157:H7. Nature **409**:529-533.

Perroud, B. and R. D. Le. 1985. Glycine betaine transport in *Escherichia coli*: osmotic modulation. J. Bacteriol. **161**:393-401.

Pfaffl, M. W. 2001. A new mathematical model for relative quantification in real-time RT-PCR. Nucleic Acids Res. **29**:e45.

Pridmore, R. D. 1987. New and versatile cloning vectors with kanamycin-resistance marker. Gene **56**:309-312.

Pierard, D., G. Muyldermans, L. Moriau, D. Stevens, and S. Lauwers. 1998. Identification of new verocytotoxin type 2 variant B-subunit genes in human and animal *Escherichia coli* isolates. J. Clin. Microbiol. **36**:3317-3322.

Plunkett, G., III, D. J. Rose, T. J. Durfee, and F. R. Blattner. 1999. Sequence of Shiga toxin 2 phage 933W from *Escherichia coli* O157:H7: Shiga toxin as a phage late-gene product. J. Bacteriol. **181**:1767-1778.

Porter, M. E. and C. J. Dorman. 1994. A role for H-NS in the thermo-osmotic regulation of virulence gene expression in *Shigella flexneri*. J. Bacteriol. **176**:4187-4191.

Radman, M. 1974. Phenomenology of an inducible mutagenic DNA repair pathway in *Escherichia coli*: SOS repair hypothesis. In: Sherman S., Miller M, Lawrence C., Tabor W. H.:. molecular and environmental aspects of mutagenesis. Charles C Thomas Publisher, Springfield, Illinois.

Rangel, J. M., P. H. Sparling, C. Crowe, P. M. Griffin, and D. L. Swerdlow. 2005. Epidemiology of *Escherichia coli* O157:H7 outbreaks, United States, 1982-2002. Emerg. Infect. Dis. **11**:603-609.

Rasko, D. A., C. G. Moreira, d. R. Li, N. C. Reading, J. M. Ritchie, M. K. Waldor, N. Williams, R. Taussig, S. Wei, M. Roth, D. T. Hughes, J. F. Huntley, M. W. Fina, J. R. Falck, and V. Sperandio. 2008. Targeting QseC signaling and virulence for antibiotic development. Science **321**:1078-1080.

Literaturverzeichnis

Razzaq, S. 2006. Hemolytic uremic syndrome: an emerging health risk. Am. Fam. Physician **74**:991-996.

Ren, C. P., R. R. Chaudhuri, A. Fivian, C. M. Bailey, M. Antonio, W. M. Barnes, and M. J. Pallen. 2004. The ETT2 gene cluster, encoding a second type III secretion system from *Escherichia coli*, is present in the majority of strains but has undergone widespread mutational attrition. J. Bacteriol. **186**:3547-3560.

Riley, L. W., R. S. Remis, S. D. Helgerson, H. B. McGee, J. G. Wells, B. R. Davis, R. J. Hebert, E. S. Olcott, L. M. Johnson, N. T. Hargrett, P. A. Blake, and M. L. Cohen. 1983. Hemorrhagic colitis associated with a rare *Escherichia coli* serotype. N. Engl. J. Med. **308**:681-685.

Ritchie, J. M. and M. K. Waldor. 2005. The locus of enterocyte effacement-encoded effector proteins all promote enterohemorrhagic *Escherichia coli* pathogenicity in infant rabbits. Infect. Immun. **73**:1466-1474.

Robert Koch-Institut. 2008. Erkrankungen durch Enterohämorrhagische *Escherichia coli* (EHEC), Erstveröffentlichung im *Epidemi logischen Bulletin* 31/1999.

Robert Koch-Institut. 2009. Infektionsepidemiologisches Jahrbuch meldepflichtiger Krankheiten, Datenstand 1. März 2010.

Roe, A. J., L. Tysall, T. Dransfield, D. Wang, D. Fraser-Pitt, A. Mahajan, C. Constandinou, N. Inglis, A. Downing, R. Talbot, D. G. Smith, and D. L. Gally. 2007. Analysis of the expression, regulation and export of NleA-E in *Escherichia coli* O157 : H7. Microbiology **153**:1350-1360.

Russell, R. M., F. C. Sharp, D. A. Rasko, and V. Sperandio. 2007. QseA and GrlR/GrlA regulation of the locus of enterocyte effacement genes in enterohemorrhagic *Escherichia coli*. J. Bacteriol. **189**:5387-5392.

Safdar, N., A. Said, R. E. Gangnon, and D. G. Maki. 2002. Risk of hemolytic uremic syndrome after antibiotic treatment of *Escherichia coli* O157:H7 enteritis: a meta-analysis. JAMA **288**:996-1001.

Samba-Louaka, A., J. P. Nougayrede, C. Watrin, E. Oswald, and F. Taieb. 2009. The enteropathogenic *Escherichia coli* effector Cif induces delayed apoptosis in epithelial cells. Infect. Immun. **77**:5471-5477.

Sambrook J., Fritsch E. F., and Maniatis T. 1989. Molecular cloning: a laboratory manual. Cold Spring Harbor Laboratory Press, Cold Spring Harbor, New York.

Sanchez-SanMartin, C., V. H. Bustamante, E. Calva, and J. L. Puente. 2001. Transcriptional regulation of the orf19 gene and the *tir-cesT-eae* operon of enteropathogenic *Escherichia coli*. J. Bacteriol. **183**:2823-2833.

Sandvig, K. and D. B. van. 2000. Entry of ricin and Shiga toxin into cells: molecular mechanisms and medical perspectives. EMBO J. **19**:5943-5950.

Schauder, S., K. Shokat, M. G. Surette, and B. L. Bassler. 2001. The LuxS family of bacterial autoinducers: biosynthesis of a novel quorum-sensing signal molecule. Mol. Microbiol. **41**:463-476.

Scheiring, J., S. P. Andreoli, and L. B. Zimmerhackl. 2008. Treatment and outcome of Shiga-toxin-associated hemolytic uremic syndrome (HUS). Pediatr. Nephrol. **23**:1749-1760.

Schmidt, H., L. Beutin, and H. Karch. 1995. Molecular analysis of the plasmid-encoded hemolysin of *Escherichia coli* O157:H7 strain EDL 933. Infect. Immun. **63**:1055-1061.

Schmidt, H. and M. Hensel. 2004. Pathogenicity islands in bacterial pathogenesis. Clin. Microbiol. Rev. **17**:14-56.

Schmidt, H., J. Scheef, S. Morabito, A. Caprioli, L. H. Wieler, and H. Karch. 2000. A new Shiga toxin 2 variant (Stx2f) from *Escherichia coli* isolated from pigeons. Appl. Environ. Microbiol. **66**:1205-1208.

Schmitt, C. K., M. L. McKee, and A. D. O'Brien. 1991. Two copies of Shiga-like toxin II-related genes common in enterohemorrhagic *Escherichia coli* strains are responsible for the antigenic heterogeneity of the O157:H- strain E32511. Infect. Immun. **59**:1065-1073.

Selinger, D. W., R. M. Saxena, K. J. Cheung, G. M. Church, and C. Rosenow. 2003. Global RNA half-life analysis in *Escherichia coli* reveals positional patterns of transcript degradation. Genome Res. **13**:216-223.

Shames, S. R., W. Deng, J. A. Guttman, C. L. de Hoog, Y. Li, P. R. Hardwidge, H. P. Sham, B. A. Vallance, L. J. Foster, and B. B. Finlay. 2010. The pathogenic *E. coli* type III effector EspZ interacts with host CD98 and facilitates host cell prosurvival signalling. Cell Microbiol. **12**:1322-1339.

Sharma, V. K. and R. L. Zuerner. 2004. Role of *hha* and *ler* in transcriptional regulation of the *esp* operon of enterohemorrhagic *Escherichia coli* O157:H7. J. Bacteriol. **186**:7290-7301.

Shabala, L., J. Bowman, J. Brown, T. Ross, T. McMeekin, and S. Shabala. 2009. Ion transport and osmotic adjustment in *Escherichia coli* in response to ionic and non-ionic osmotica. Environ. Microbiol. **11**:137-48.

Sharp, F. C. and V. Sperandio. 2007. QseA directly activates transcription of LEE1 in enterohemorrhagic *Escherichia coli*. Infect. Immun. **75**:2432-2440.

Sperandio, V., J. L. Mellies, W. Nguyen, S. Shin, and J. B. Kaper. 1999. Quorum sensing controls expression of the type III secretion gene transcription and protein secretion in enterohemorrhagic and enteropathogenic *Escherichia coli*. Proc. Natl. Acad. Sci. U. S. A **96**:15196-15201.

Sperandio, V., A. G. Torres, B. Jarvis, J. P. Nataro, and J. B. Kaper. 2003. Bacteria-host communication: the language of hormones. Proc. Natl. Acad. Sci. U. S. A **100**:8951-8956.

Sperandio, V., A. G. Torres, J. A. Girón, J. B. Kaper. 2001.Quorum sensing is a global regulatory mechanism in enterohemorrhagic *Escherichia coli* O157:H7. J. Bacteriol. **183**:5187-97.

Stenutz, R., A. Weintraub, and G. Widmalm. 2006. The structures of *Escherichia coli* O-polysaccharide antigens. FEMS Microbiol. Rev. **30**:382-403.

Studier, F. W. and B. A. Moffatt. 1986. Use of bacteriophage T7 RNA polymerase to direct selective high-level expression of cloned genes. J. Mol. Biol. **189**:113-130.

Studier, F. W., A. H. Rosenberg, J. J. Dunn, and J. W. Dubendorff. 1990. Use of T7 RNA polymerase to direct expression of cloned genes. Methods Enzymol. **185**:60-89.

Sung, L. M., M. P. Jackson, A. D. O'Brien, and R. K. Holmes. 1990. Transcription of the Shiga-like toxin type II and Shiga-like toxin type II variant operons of *Escherichia coli*. J. Bacteriol. **172**:6386-6395.

Surette, M. G. and B. L. Bassler. 1998. Quorum sensing in *Escherichia coli* and *Salmonella typhimurium*. Proc. Natl. Acad. Sci. U. S. A **95**:7046-7050.

Surette, M. G., M. B. Miller, and B. L. Bassler. 1999. Quorum sensing in *Escherichia coli*, *Salmonella typhimurium*, and *Vibrio harveyi:* a new family of genes responsible for autoinducer production. Proc. Natl. Acad. Sci. U. S. A **96**:1639-1644.

Tarr, P. I., C. A. Gordon, and W. L. Chandler. 2005. Shiga-toxin-producing *Escherichia coli* and haemolytic uraemic syndrome. Lancet **365**:1073-1086.

Taylor, C. M. 2008. Enterohaemorrhagic *Escherichia coli* and *Shigella dysenteriae* type 1- induced haemolytic uraemic syndrome, Pediatr. Nephrol. **23**:1425-31.

Thanabalasuriar, A., A. Koutsouris, A. Weflen, M. Mimee, G. Hecht, and S. Gruenheid. 2010. The bacterial virulence factor NleA is required for the disruption of intestinal tight junctions by enteropathogenic *Escherichia coli*. Cell Microbiol. **12**:31-41.

Thompson, J. F., L. S. Hayes, and D. B. Lloyd. 1991. Modulation of firefly luciferase stability and impact on studies of gene regulation. Gene **103**:171-177.

Tobe, T. 2010. Cytoskeleton-modulating effectors of enteropathogenic and enterohemorrhagic *Escherichia coli:* role of EspL2 in adherence and an alternative pathway for modulating cytoskeleton through Annexin A2 function. FEBS J. **277**:2403-2408.

Literaturverzeichnis

Tobe, T., S. A. Beatson, H. Taniguchi, H. Abe, C. M. Bailey, A. Fivian, R. Younis, S. Matthews, O. Marches, G. Frankel, T. Hayashi, and M. J. Pallen. 2006. An extensive repertoire of type III secretion effectors in Escherichia coli O157 and the role of lambdoid phages in their dissemination. Proc. Natl. Acad. Sci. U. S. A **103**:14941-14946.

Torres, A. G, G. N. López-Sánchez, L. Milflores-Flores, S. D. Patel, M. Rojas-López, C. F. Martínez de la Peña, M. M. Arenas-Hernández, and Y. Martínez-Laguna. 2007.Ler and H-NS, regulators controlling expression of the long polar fimbriae of Escherichia coli O157:H7.J. Bacteriol. **189**: 5916-28.

Trachtman, H., A. Cnaan, E. Christen, K. Gibbs, S. Zhao, D. W. Acheson, R. Weiss, F. J. Kaskel, A. Spitzer, and G. H. Hirschman. 2003. Effect of an oral Shiga toxin-binding agent on diarrhea-associated hemolytic uremic syndrome in children: a randomized controlled trial. JAMA **290**:1337-1344.

Tree, J. J., E. B. Wolfson, D. Wang, A. J. Roe, and D. L. Gally. 2009. Controlling injection: regulation of type III secretion in enterohaemorrhagic Escherichia coli. Trends Microbiol. **17**:361-370.

Tsai, H. M. 2006. The molecular biology of thrombotic microangiopathy. Kidney Int. **70**:16-23.

Tschowri, N., S. Busse, and R. Hengge. 2009. The BLUF-EAL protein YcgF acts as a direct anti-repressor in a blue-light response of Escherichia coli. Genes Dev. **23**:522-534.

Tse-Dinh, Y. C. 2009. Bacterial topoisomerase I as a target for discovery of antibacterial compounds. Nucleic Acids Res. **37**:731-737.

Tu, X., I. Nisan, C. Yona, E. Hanski, and I. Rosenshine. 2003. EspH, a new cytoskeleton-modulating effector of enterohaemorrhagic and enteropathogenic Escherichia coli. Mol. Microbiol. **47**:595-606.

Turovskiy, Y., D. Kashtanov, B. Paskhover, and M. L. Chikindas. 2007. Quorum sensing: fact, fiction, and everything in between. Adv. Appl. Microbiol. **62**:191-234.

Literaturverzeichnis

Tzipori, S., A. Sheoran, D. Akiyoshi, A. Donohue-Rolfe, and H. Trachtman. 2004. Antibody therapy in the management of shiga toxin-induced hemolytic uremic syndrome. Clin. Microbiol. Rev. **17**:926-41.

Ueda, K. and T. Komano. 1984. Sequence-specific DNA damage induced by reduced mitomycin C and 7-N-(p-hydroxyphenyl)mitomycin C. Nucleic Acids Res. **12**:6673-6683.

Unkmeir, A. and H. Schmidt. 2000. Structural analysis of phage-borne *stx* genes and their flanking sequences in shiga toxin-producing *Escherichia coli* and Shigella dysenteriae type 1 strains. Infect. Immun. **68**:4856-4864.

Vingadassalom, D., A. Kazlauskas, B. Skehan, H. C. Cheng, L. Magoun, D. Robbins, M. K. Rosen, K. Saksela, and J. M. Leong. 2009. Insulin receptor tyrosine kinase substrate links the *E. coli* O157:H7 actin assembly effectors Tir and EspF(U) during pedestal formation. Proc. Natl. Acad. Sci. U. S. A **106**:6754-6759.

Wagner, P. L., D. W. Acheson, and M. K. Waldor. 2001. Human neutrophils and their products induce Shiga toxin production by enterohemorrhagic *Escherichia coli*. Infect. Immun. **69**:1934-1937.

Wagner, P. L., M. N. Neely, X. Zhang, D. W. Acheson, M. K. Waldor, and D. I. Friedman. 2001. Role for a phage promoter in Shiga toxin 2 expression from a pathogenic *Escherichia coli* strain. J. Bacteriol. **183**:2081-2085.

Waldor, M. K., D. I. Friedman, and S. L. Adhya. 2005. Phages: their role in bacterial pathogenesis and biotechnology. ASM Press, Washington, District of Columbia.

Walters, M., M. P. Sircili, and V. Sperandio. 2006. AI-3 synthesis is not dependent on *luxS* in *Escherichia coli*. J. Bacteriol. **188**:5668-5681.

Walters, M. and V. Sperandio. 2006. Autoinducer 3 and epinephrine signaling in the kinetics of locus of enterocyte effacement gene expression in enterohemorrhagic *Escherichia coli*. Infect. Immun. **74**:5445-5455.

Wang, R. F. and S. R. Kushner. 1991. Construction of versatile low-copy-number vectors for cloning, sequencing and gene expression in *Escherichia coli*. Gene **100**:195-199.

Wang, L, J. Li, J. C. March, J. J. Valdes, and W. E. Bentley. 2005. *luxS*-dependent gene regulation in *Escherichia coli* K-12 revealed by genomic expression profiling. J Bacteriol. **187**:8350-60.

Weber, H., T. Polen, J. Heuveling, V. F. Wendisch, and R. Hengge. 2005. Genome-wide analysis of the general stress response network in *Escherichia coli*: sigmaS-dependent genes, promoters, and sigma factor selectivity. J. Bacteriol. **187**:1591-1603.

Weinstein, D. L., M. P. Jackson, J. E. Samuel, R. K. Holmes, and A. D. O'Brien. 1988. Cloning and sequencing of a Shiga-like toxin type II variant from *Escherichia coli* strain responsible for edema disease of swine. J. Bacteriol. **170**:4223-4230.

Weiss, S. M., M. Ladwein, D. Schmidt, J. Ehinger, S. Lommel, K. Stading, U. Beutling, A. Disanza, R. Frank, L. Jansch, G. Scita, F. Gunzer, K. Rottner, and T. E. Stradal. 2009. IRSp53 links the enterohemorrhagic *E. coli* effectors Tir and EspFU for actin pedestal formation. Cell Host. Microbe **5**:244-258.

Wilson, R. K., R. K. Shaw, S. Daniell, S. Knutton, and G. Frankel. 2001. Role of EscF, a putative needle complex protein, in the type III protein translocation system of enteropathogenic *Escherichia coli*. Cell Microbiol. **3**:753-762.

Wong, C. S., S. Jelacic, R. L. Habeeb, S. L. Watkins, and P. I. Tarr. 2000. The risk of the hemolytic-uremic syndrome after antibiotic treatment of *Escherichia coli* O157:H7 infections. N. Engl. J. Med. **342**:1930-1936.

Wood, K. V. 1991 In: *Bioluminescence and Chemiluminescence: Current Status*, Stanley, P., and Kricka, L., eds., John Wiley and Sons, Chichester, NY, 543.

Woolley, E. M and L. G Hepler. 1977. Heat capacities of weak electrolytes and ion association reactions: Method and application to aqueous $MgSO_4$ and HIO_3 at 298 K, Canadian J. Chem. **55**: 158–163

Wu, B., T. Skarina, A. Yee, M. C. Jobin, R. Dileo, A. Semesi, C. Fares, A. Lemak, B. K. Coombes, C. H. Arrowsmith, A. U. Singer, and A. Savchenko. 2010. NleG Type 3 effectors from enterohaemorrhagic *Escherichia coli* are U-Box E3 ubiquitin ligases. PLoS. Pathog. **6**:e1000960.

Xavier, K. B. and B. L. Bassler. 2003. LuxS quorum sensing: more than just a numbers game. Curr. Opin. Microbiol. **6**:191-197.

Yang, Z., J. Kim, C. Zhang, M. Zhang, J. Nietfeldt, C. M. Southward, M. G. Surette, S. D. Kachman, and A. K. Benson. 2009. Genomic instability in regions adjacent to a highly conserved *pch* prophage in *Escherichia coli* O157:H7 generates diversity in expression patterns of the LEE pathogenicity island. J. Bacteriol. **191**:3553-3568.

Yee, A. J., G. S. De, and C. L. Gyles. 1993. Mitomycin-induced synthesis of a Shiga-like toxin from enteropathogenic *Escherichia coli* H.I.8. Infect. Immun. **61**:4510-4513.

Yoon, J. W. and C. J. Hovde. 2008. All blood, no stool: enterohemorrhagic *Escherichia coli* O157:H7 infection. J. Vet. Sci. **9**:219-231.

Zhang, W., M. Bielaszewska, T. Kuczius, and H. Karch. 2002. Identification, characterization, and distribution of a Shiga toxin 1 gene variant (*stx*(1c)) in *Escherichia coli* strains isolated from humans. J. Clin. Microbiol. **40**:1441-1446.

Zhang, L., R. R. Chaudhuri, C. Constantinidou, J. L. Hobman, M. D. Patel, A. C. Jones, D. Sarti, A. J. Roe, I. Vlisidou, R. K. Shaw, F. Falciani, M. P. Stevens, D. L. Gally, S. Knutton, G. Frankel, C. W. Penn, and M. J. Pallen. 2004. Regulators encoded in the *Escherichia coli* type III secretion system 2 gene cluster influence expression of genes within the locus for enterocyte effacement in enterohemorrhagic E. coli O157:H7. Infect. Immun. **72**:7282-7293.

Zhang, W. L., B. Kohler, E. Oswald, L. Beutin, H. Karch, S. Morabito, A. Caprioli, S. Suerbaum, and H. Schmidt. 2002. Genetic diversity of *intimin* genes of attaching and effacing *Escherichia coli* strains. J. Clin. Microbiol. **40**:4486-4492.

Zoja, C., S. Buelli, and M. Morigi. 2010. Shiga toxin-associated hemolytic uremic syndrome: pathophysiology of endothelial dysfunction. Pediatr. Nephrol. **25**:2231-40.

Anhang

Tabelle A1: Verwendete Oligonukleotide für die Erstellung rekombinanter Stämme.

Bezeichnung	Oligonukleotidsequenz (5' – 3')[a]	Funktion	PCR-Bedingungen[a]	PCR-Produktlänge	Referenz
d-NleA-for	GATATTATTAATGGATATAAATTACGTCATAAGGAT TTATCatggaagacgccaaaaacata	Austausch von $nleA_{4795}$ durch Luciferase (*luc*)	94 °C, 30 s; 53 °C, 60 s; 72 °C, 180 s	3344 bp	diese Arbeit
d-NleA-rev	CCATTTCAGCTATTATTTTAAAATAAACAAGTTAAA GCTTAcgtgtaggctggagctgcttc				
d-ler-for	TGATAAGGATAAGGTCGCTAATAGCTTAAAATATTA AAGCgcgattgtgaggctggagc	Deletion von *ler*	94 °C, 30 s; 59 °C, 60 s; 72 °C, 90 s	1570 bp	diese Arbeit
d-ler-rev	TCTTCCAGCTCAGTTATCGTTATCATTTAATTATTTT ATGcatggtccatatgaatatcctcc				
d-grlA-for	TTTATGTCGATTTATTTATCAAATAAAAAGAATATG GAAAgcgattgtgaggctggagc	Deletion von *grlA*	94 °C, 30 s; 59 °C, 60 s; 72 °C, 90 s	1570 bp	diese Arbeit
d-grlA-rev	TATTTTATTCTTCTATAAAATATACTCAAAAAATTA CGTcatggtccatatgaatatcctcc				
d-pchA-for	AAATTCAGGATGGCAGTCTGTAGATAATCGGAGGT CACTTgcgattgtgaggctggagc	Deletion von *pchA*	94 °C, 30 s; 59 °C, 60 s; 72 °C, 90 s	1570 bp	diese Arbeit
d-pchA-rev	TTTCTTATGGTAACAGGCAATAACGCTCTCAGATAT TTTcatggtccatatgaatatcctcc				

Anhang

Fortsetzung **Tabelle A1:**

d-pch2-for	ATGCTACATGATCACGTGGCAGAATGTCTGGAGAA AAAAgcgattgtaggctggagc	Deletion von *pch*	94 °C, 30 s; 59 °C, 60 s; 72 °C, 90 s	1570 bp	diese Arbeit
d-pch2-rev	TTAGCATTTTTTGACCGCGCGTTTCCGGACGTAT TCTGTcatggtccatatgaatatcctcc				
d-grlR-for	AAATTGAAAGGAGTGAGGTTAGTATGAAACTGAGT GAGTTgcgattgtaggctggagc	Deletion von *grlR*	94 °C, 30 s; 59 °C, 60 s; 72 °C, 90 s	1570 bp	diese Arbeit
d-grlR-rev	TTATTTGATAAATAAATCGACATAAAAACATACAT AAAAcatggtccatatgaatatcctcc				
d-etrA2-for	ATGCAAGTCTTTTCCAGTGATGTCTACTTCACTGTA GGCAgcgattgtaggctggagc	Deletion von *etrA*	94 °C, 30 s; 59 °C, 60 s; 72 °C, 90 s	1570 bp	diese Arbeit
d-etrA2-rev	TCAACTTTCTCTTACGCAAGATTGGAGTTTAAAATA ATGTcatggtccatatgaatatcctcc				
d-fnr-for	GTTAAAATTGACAAATATCAATTACGGCTTGAGCA GACCTgcgattgtaggctggagc	Deletion von *fnr*	94 °C, 30 s; 59 °C, 60 s; 72 °C, 90 s	1570 bp	diese Arbeit
d-fnr-rev	GATATGACAGAAGGATAGTGAGTTATGCGGAAAAA catggtccatatgaatatcctcc				
d-luxS-for	AGTTCAGAAAATTTTAAAAAAATTACCGGAGGTG GCTAAgcgattgtaggctggagc	Deletion von *luxS*	94 °C, 30 s; 59 °C, 60 s; 72 °C, 90 s	1570 bp	diese Arbeit
d-luxS-rev	AACTGGCTTTTTCAATTAATTGTGAAGATAGTTTA CTGAcatggtccatatgaatatcctcc				

[a]: Zyklenzahl 25; initialer Schritt für 5 min bei 94 °C, finaler Schritt für 5 min bei 72 °C.
[b]: Großbuchstaben kennzeichnen die homologen Sequenzen zu dem *E. coli* Stamm 4795/97.

Anhang

Tabelle A2: Verwendete Oligonukleotide zur Überprüfung der rekombinanten Stämme.

Bezeichnung	Oligonukleotidsequenz (5' – 3')	Zielsequenz	PCR-Bedingungen[a]	PCR-Produktlänge	Referenz
VarA-for	tattaaagctgtccacatcgg	Umgebung von $nleA_{4795}$	94 °C, 30 s; 57 °C, 60 s; 72 °C, 210 s	3344 bp	Creuzburg et al., 2007
VarA-rev	tggtgtatttgttttgtgggg				
non-ler-for	gttgacatttaatgataatgtg	Umgebung von *ler*	94 °C, 30 s; 51 °C, 60 s; 72 °C, 120 s	1807 bp	diese Arbeit
non-ler-rev	gcaatgagcagttcctttgc				
non-grlA-for	gtactgagtaatgataataatc	Umgebung von *grlA*	94 °C, 30 s; 51 °C, 60 s; 72 °C, 120 s	1837 bp	diese Arbeit
non-grlA-rev	catttccgtttatgaaacaatc				
non-pchA-for	gttttgagtatatagtcagc	Umgebung von *pchA*	94 °C, 30 s; 49 °C, 60 s; 72 °C, 120 s	1834 bp	diese Arbeit
non-pchA-rev	agataaaacactctccagg				
pch-for	ctacatgatcacgtggcag	*pchABC*	94 °C, 30 s; 55 °C, 60 s; 72 °C, 90 s	1138 bp	diese Arbeit
pch-rev	ttgaccgcgtttccggac				
non-grlR-for	tcattttacgttgttactc	Umgebung von *grlR*	94 °C, 30 s; 47 °C, 60 s; 72 °C, 120 s	1824 bp	diese Arbeit
non-grlR-rev	caatatcattgcgagaaatc				
non-etrA-for	gaaatttcatgaccaaattatg	Umgebung von *etrA*	94 °C, 30 s; 49 °C, 60 s; 72 °C, 120 s	1816 bp	diese Arbeit
non-etrA-rev	ctgctgatgatatattcc				
non-fnr-for	cacttttatgtaaagttaccc	Umgebung von *fnr*	94 °C, 30 s; 51 °C, 60 s; 72 °C, 120 s	1772 bp	diese Arbeit
non-fnr-rev	gttctgatacatagccatac				
non-luxS-for	gaaatggaagccgcagatac	Umgebung von *luxS*	94 °C, 30 s; 55 °C, 60 s; 72 °C, 120 s	1848 bp	diese Arbeit
non-luxS-rev	cagatcaccaatcagggctg				

[a]: Zyklenzahl 30; initialer Schritt für 5 min bei 94 °C, finaler Schritt für 5 min bei 72 °C.

Anhang

Tabelle A3: Verwendete Oligonukleotide mit angehängten Restriktionsschnittstellen.

Bezeichnung	Oligonukleotidsequenz (5'– 3')	Zielsequenz/Schnittstellen	PCR-Bedingungen[a]	PCR-Produktlänge	Referenz
ler-klon-for	cccGAATTCgctaatagatatatactcg	*ler* mit Promotorregion,	94 °C, 30 s; 49 °C,	908 bp	diese Arbeit
ler-klon-rev	cccGGATCCttaaatattttcagcggtatt	EcoRI und BamHI	60 s; 72 °C, 60 s		
grlA-ORF-for	cccGAATTCatgaatctaaaaataaaaatg	*grlA*,	94 °C, 30 s; 47 °C,	432 bp	diese Arbeit
grlA-ORF-rev	cccGGATCCctaactctcttttcg	EcoRI und BamHI	60 s; 72 °C, 60 s		
grlA-prom-for	cccGTCGACgaggctaagataaccagc	Promotorregion von *grlA*,	94 °C, 30 s; 51 °C,	518 bp	diese Arbeit
grlA-prom-rev	cccGAATTCaactcactcagtttcatacta	SalI und EcoRI	60 s; 72 °C, 60 s		
pchA-klon-for	cccGAATTCcccagtgtataccgtgatg	*pchA* mit Promotorregion,	94 °C, 30 s; 49 °C,	833 bp	diese Arbeit
pchA-klon-rev	cccGGATCCttagcattttttgaccgcg	EcoRI und BamHI	60 s; 72 °C, 60 s		
ler-his-for	cccCATATGcggagattattattatgaatatg	*ler*,	94 °C, 30 s; 55 °C,	408 bp	diese Arbeit
ler-his-rev	cccCTCGAGaatattttcagcggtattattc	NdeI und XhoI	60 s; 72 °C, 30 s		
grlA-his-for	cccCATATGgaatctaaaaataaaaatggcg	*grlA*,	94 °C, 30 s; 51 °C,	432 bp	diese Arbeit
grlA-his-rev	cccCTCGAGactctctttttccgcctc	NdeI und XhoI	60 s; 72 °C, 30 s		
pchA-his-for	cccCATATGctacatgatcacgtgcag	*pchA*,	94 °C, 30 s; 53 °C,	433 bp	diese Arbeit
pchA-his-rev	cccCTCGAGgcattttttgaccgcgcg	NdeI und XhoI	60 s; 72 °C, 30 s		
nleA-klon-for	cccGAATTCatgttactcagatggcattag	*nleA*$_{4795}$,	94 °C, 30 s; 53 °C,	908 bp	diese Arbeit
nleA-klon-rev	cccGGATCCgaagatgctccttcttcttg	BamHI und EcoRI	60 s; 72 °C, 60 s		

[a]: Zyklenzahl 30; initialer Schritt für 5 min bei 94 °C, finaler Schritt für 5 min bei 72.
[b]: Großbuchstaben kennzeichnen die Restriktionsschnittstellen.

Anhang

Tabelle A4: Verwendete Oligonukleotide für die Generierung der PCR-Fragmente der durchgeführten EMSAs.

Bezeichnung	Oligonukleotidsequenz (5' – 3')	Zielsequenz	PCR-Bedingungen[a]	PCR-Produktlänge	Referenz
nleA-500-for	aagcagtgttacgcaacg		94 °C, 30 s; 49 °C, 60 s; 72 °C, 60 s	600 bp	diese Arbeit
nleA-100-rev	aattcggattgcggtatttg				
nleA-500-for	aagcagtgttacgcaacg		94 °C, 30 s; 51 °C, 60 s; 72 °C, 30 s	500 bp	diese Arbeit
nleA-500-rev	gataaatccttatgacgtaat	Promotorregion von $nleA_{4795}$			
nleA-500-for	aagcagtgttacgcaacg		94 °C, 30 s; 48 °C, 60 s; 72 °C, 30 s	250 bp	diese Arbeit
nleA-250-rev	tactctaagtgttataatgt				
nleA-250-for	acatttataacacttagagta		94 °C, 30 s; 48 °C, 60 s; 72 °C, 30 s	350 bp	diese Arbeit
nlea-100-rev	aattcggattgcggtatttg				
nleA-250-for	acatttataacacttagagta		94 °C, 30 s; 48 °C, 60 s; 72 °C, 30 s	250 bp	diese Arbeit
nleA-500-rev	gataaatccttatgacgtaat				
nleA-gene-for	cagtaatatcaaccactg	$nleA_{4795}$	94 °C, 30 s; 49 °C, 60 s; 72 °C, 30 s	400 bp	diese Arbeit
nleA-gene-rev	gtattagggttatctaaatc				

[a]. Zyklenzahl 35; initialer Schritt für 5 min bei 94 °C, finaler Schritt für 5 min bei 72 °C.

Anhang

Tabelle A5: Oligonukleotide für die RT-PCR, konstruiert mit Hilfe des Softwareprogrammes „Beacon Designer" (Premier Biosoft International).

Bezeichnung	Oligonukleotidsequenz (5' – 3')	Zielsequenz	PCR-Bedingungen[a]	PCR-Produktlänge	Referenz
rrsB-for	gcataacgtcgcaagaccaaa	rrsB	95 °C, 15 s; 60 °C, 30 s; 72 °C, 10 s	91 bp	Slanec, 2007, unveröffentlichte Daten
rrsB-rev	gccgttacccacctactagct				
gapA-F	tccgtgtctcagaaacg	gapA	95 °C, 15 s; 63 °C, 60 s; 72 °C, 30 s	299 bp	Slanec, 2008, unveröffentlichte Daten
gapA-R	cacttcttcgcaccagcg				
nleA-RT-for	gctcaagtggttcgtaatc	$nleA_{4795}$	95 °C, 15 s; 52 °C, 30 s; 72 °C, 20 s	177 bp	diese Arbeit
nleA-RT-rev	tgcctgtaatggagatgc				

[a]: Zyklenzahl 40; initialer Schritt für 3 min bei 95 °C

Tabelle A6: Für die Sequenzierung von *E. coli* Stamm MS-10 verwendete Oligonukleotide.

Bezeichnung	Oligonukleotidsequenz (5' – 3')	Referenz
luc-seq1	gccaataatccagaaaattatt	diese Arbeit
luc-seq2	ctaatttacacgaaattgctt	diese Arbeit
luc-seq3	gataaatcgtatttgtcaatc	diese Arbeit
luc-seq4	gtgttgtaacaatatcgattc	diese Arbeit

A7:

Im folgenden Abschnitt sind die Auswertungen der Sequenzierungen dargestellt, mit Hilfe derer der Austausch von *nleA*$_{4795}$ durch Luciferase (*luc*) im *E. coli* Stamm 4795/97 sowie die weiteren Gen- Deletionen überprüft und bestätigt wurden. Die zur Sequenzierung verwendeten Oligonukleotide sind in den Tabellen A2 und A6 aufgelistet. Durch Großbuchstaben angegebene Nukleotidsequenzen kennzeichnen die Bereiche stromaufwärts und stromabwärts des jeweiligen Zielgenes im Wildtyp *E. coli* Stamm 4795/97, in Kleinbuchstaben angegebene Sequenzen geben die Sequenz des ausgetauschten *luc*-Gens in Stamm MS-10 bzw. den verbliebenen FRT-site-„Rest" nach den verschiedenen Gendeletionen in den Stämmen MS-11 bis MS-16 an. In den Abbildungen A7.1 und A7.2 sind die sequenzierten DNA-Bereiche exemplarisch für die *E. coli* Stämme MS-10 (Reportergenfusion) und MS-11 (Gendeletion) dargestellt. Die Ergebnisse der Sequenzierungen in den Stämmen MS-36, MS-1112 und MS-21 bis MS-23 sind aufgrund der erhaltenen identischen Sequenzen zu denen der Stämme MS-11 bis MS-16 nicht nochmals aufgeführt. In den Stämmen MS-1313 bzw. MS-2323 war eine Auswertung der Sequenzierung aufgrund der nahezu identischen *pch*-Varianten und der dadurch entstandenen Mischsequenzen nicht möglich, die Bestätigung der Deletion des zweiten *pch*-Genes erfolgte daher nur durch PCR.

***E. coli* Stamm MS-10:**

5' - GATAATATACATGGATTGATATTATTAATGGATATAAATTACGTCATAAGGATT
TATCatggaagacgccaaaaacataaagaaaggcccggcgccattctatcctctagaggatggaaccgctgga
gagcaactgcataaggctatgaagagatacgccctggttcctggaacaattgcttttacagatgcacatatcgaggtga
acatcacgtacgcggaatacttcgaaatgtccgttcggttggcagaagctatgaaacgatatgggctgaatacaaatc
acagaatcgtcgtatgcagtgaaaactctcttcaattctttatgccggtgttgggcgcgttatttatcggagttgcagttgcg
cccgcgaacgacatttataatgaacgtgaattgctcaacagtatgaacatttcgcagcctaccgtagtgtttgtttccaaa
aagggggttgcaaaaaattttgaacgtgcaaaaaaaattaccaataatccagaaaattattatcatggattctaaaacg
gattaccagggatttcagtcgatgtacacgttcgtcacatctcatctacctcccggttttaatgaatacgattttgtaccaga
gtcctttgatcgtgacaaaacaattgcactgataatgaactcctctggatctactgggttgcctaagggtgtggcccttcc
gcatagaactgcctgcgtcagattctcgcatgccagagatcctattttggcaatcaaatcattccggatactgcgatttta
agtgttgttccattccatcacggtcttggaatgtttactacactcggatatttgatatgtggatttcgagtcgtcttaatgtatag
atttgaagaagagctgttttttacgatcccttcaggattacaaaattcaaagtgcgttgctagtaccaaccctattttcattctt
cgccaaaagcactctgattgacaaatacgatttatctaatttacacgaaattgcttctgggggcgcacctctttcgaaag
aagttggggaagcggttgcaaaacgcttccatcttccagggatacgacaaggatatgggctcactgagactacatca
gctattctgattacacccgaggggggatgataaaccgggcgcggtcggtaaagttgttccatttttgaagcgaaggttgt
ggatctggatgccgggaaaacgctgggcgttaatcagagaggcgaattatgtgtcagaggacctatgattatgtccgg
ttatgtaaacaatccggaagcgaccaacgccttgattgacaaggatggatggctacattctggagacatagcttactgg
gacgaagacgaacacttcttcatagttgaccgcttgaagtctttaattaaatacaaaggatatcaggtggcccccgctg
aattggaatcgatattgttacaacacccccaacatcttcgacgcgggcgtggcaggtcttcccgacgatgacgccggtg
aacttcccgccgccgttgttgttttggagcacggaaagacgatgacggaaaaagagatcgtggattacgtcgccagtc
aagtaacaaccgcgaaaaagttgcgcggaggagttgtgtttgtggacgaagtaccgaaaggtcttaccggaaaact
cgacgcaagaaaaatcagagagatcctcataaaggccaagaagggcggaaagtccaaattgtgaGCTTATC
GATACCGTCGACCTCCGAGGGGGGGCCCGGTACCATATGAATATCCTCCTTCA
GTTCCTATTCCGAAGTTCCTATTCTCTAGAAAGTATAGGAACTTCGAAGCAGCTC
CAGCCTACACGTAAGCTTTAACTTGTTTATTTTAAAATAATAGCTGAAATGGATGA
CAGCTATTATTAATAA – 3'

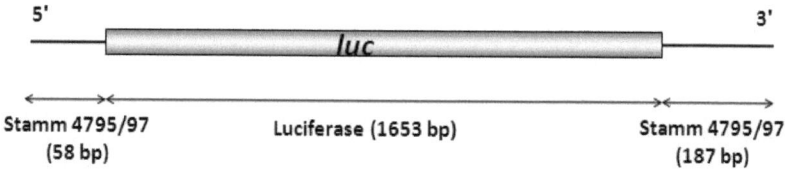

Abbildung A7.1: Schematische Darstelllung des sequenzierten DNA-Abschnittes aus dem *E. coli* Reporterstamm MS-10.

E. coli Stamm MS-11:

5' - TGACATTTAATGATAATGTGTTTTACACATTAGAAAACAGAGAATAATAACATT
TTAAGGTGGTTGTTTGATGAAATAGATGTGTCCTAATTTGATAGATAAACGTTATC
TCACATAATTTATATCATTTGATTAATTGTTGTCCTTCCTGATAAGGATAAGGTCG
CTAATAGCTTAAAATATTAAAGCgcgattgtgtaggctggagctgcttcgaagttcctatactttctagaga
ataggaacttcggaataggaactaaGGAGGATATTCATATGGACCATGCATAAAATAATTAA
ATGATAACGATAACTGAGCTGGAAGACGAAATAATAAAAAATAAAGAAGCCGCA
AATGTTTTTATTGAAAAAATAAACGACAAAAAGAACGAAATCCATGAAAAAATGAA
ACACCCTTTGGATAAAGTTACCTACAATGAAGCAAAGGAACTGCTCATTG – 3'

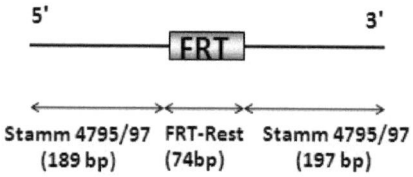

Abbildung A7.2: Schematische Darstelllung des sequenzierten DNA-Abschnittes aus dem *E. coli* Reporterstamm MS-11.

E. coli Stamm MS-12:

5' - ACTGAGTAATGATAATAATCTCACATTACATTGCCATGTAAGAGGAAATGAAA
AATTGTTTGTTGATGTTTATGCCAAATTTATAGAACCATTAATTATTAAAAACACA
GGAATGCCACAAGTTTATTTAAAATAATTTTTATGTATGTTTTTTATGTCGATTTAT
TTATCAAATAAAAAGAATATGGAAAgcgattgtgtaggctgagctgcttcgaagttcctatactttctaga
gaataggaacttcggaataggaactaaggaggatattcatatggaccatgACGTAATTTTTTGAGTATAT
TTTATAGAAGAATAAAAATAAAGCTATATTTAAGGGTTTTGTTTTCCAGGGTAAGC
CTTTTTCTCGGCTAAAGTTTGAAGGTCATTTCCTGACAAATATACTCTGAGCTATA
GATGATTGGAAAGATCAGATTTCTAATGCTAAGTTAAGATATACTGATTGTTATCA
TAAACGGAAAT – 3'

E. coli Stamm MS-13:

5' - GAGTATATAGTCAGCGTTTTTTGTTCAGTAATTGCTCCCTCAAAAAATAATAA
AATAAGGTGATTATTTTTGTTTATTATTTAGTTTTTTTTTGTGTGTTGTTTTATTGTT
TTTGCGTGGTATTGTTTTTTATTGTTATTTCATTAAGGGAAGGTAAATTCAGGATG
GCAGTCTGTAGATAATCGGAGGTCACTTgcgattgtgtaggctggagctgcttcgaagttcctatact
ttctagaagaataggaacttcggaaataggaactaaggaggatattcatatggaccatgAAAATATCTGAGA
GCGTTATTGCCTGTTACCATAAGAAAAAGCGACTTTAGTGGTCGCTTTTTGTGTC
ATATATAAGTCGTTTAAGTAAACCTGTCTGAACAGGTTCTCTGGTCGTGTTTGTC
TTTGTTGGGTACAAATTGAGAATATTTTTCATTAATTAATCTTCTTCTGCAGGCT –
3'

E. coli Stamm MS-14:

5' - ATTTTACGTTGTTACTCAATATTATTAATCAGAAATTACATATGTTAACCAGGG
AAACAGCAGGTTGAAACATGAGTATATTTAATGATATATTACATTGCAATCTGGA
GAAAAAGAAAGGTCTCCATTATTCTTGATATTGCTTATGGATAGAACAAATTGAA
AGGAGTGAGGTTAGTATGAAACTGAGTGAGTTgcgattgtgtaggctggagctgcttcgaagttc
atatactttctagagaataggaacttcggaataggaactaaggaggatattcatatggaccatgTTTTATATATG
TTTTTTATGTCAATTTATTTATCAAATAAAAGAATATGGAAAATGGAATCTAAAAA
TAAAAATGGCGACTATGTAATTCCTGACTCAGTAAAGAATTACGATGGTGAACCT
CTGTATATCTTGGTTTCTCTTTGGTGTAAATTGCAGGAGAAATGGATTTCTCGCA
ATGATA – 3'

E. coli Stamm MS-15

5' - CATGACCACATTATGATGACACAGAATAAAAAAATTATAATTTCGAGAACTAT
TTTAAATGCCTCTATGCATAACTTTATTTACAATTTAAGGTATAAACCCTATTCCC
TCAATGTTAAGCAAATATAACAATTACTCTTATTTTAAATTTTACACGTAATATTTA
CCCTAAATGATTTTAGAGTACAGGTGGGCATATGCAAGTCTTTTCCAGTGATGTC
TACTTCACTGTAGGCAgcgattgtgtaggctggagctgcttcgaagttcctatactttctagagaataggaact
tcggaataggaactaaggaggatattcatatggaccatgACATTATTTTAAACTCCAATCTTGCGTA
AGAGAAAGTTGATATGTCATTAGTAGGATATAATAGTAACATCATAATAACCATC
GCGCTGATATCGTTGCTCTCTGCATGCACCAGAGAAAATTCATTAAAGGAGAAT
CAAAATAAAAGAAGTGGCGAATCCCAAGCGATAGTAGATGCAAGACAGTTCTTT
AGCGAACACCCGGAATATATATCAT – 3'

E. coli Stamm MS-16:

5' - CTGAAAAACACGCCTACAGAAAAGAAAAAGGCCACTCGTAGTGCCAAAATTT
CATCTCTGAATTCAGGGATGATGATAACAAATGCGCGTCTTTCATATACTCAGAC
TCGCCTGGGAAGAAAGAGTTCAGAAAATTTTTAAAAAAATTACCGGAGGTGGCT
AAgcgattgtgtaggctggagctgcttcgaagttcctatactttctagagaataggaacttcggaataggaactaagga
ggatattcatatggaccatgtTCAGTAAACTATCTTCACAATTAATTGAAAAAAGCCAGTTCA
AATGAACTGGCTTAGTTGTACTTAGTGCGCACCGCCTCCGCCGCCACCTGCGC
CAAATGGCGGTTATAGTCAAACCACACCAGCCCCAGCAGTACGAGGAATATCCC
GGCTGACATCCAGAAGATCTCAT – 3'

A8:

In den folgenden Tabellen sind die entsprechenden Zahlenwerte der in Abschnitt 4 beschriebenen und graphisch dargestellten Ergebnisse aufgeführt. Die Werte der relativen Reportergenaktivität sind grau, die OD_{600}-Werte weiß unterlegt, ebenso die zugehörigen Standardabweichungen (Stabw). Die entsprechenden Werte des Enzym Immuno-Assays sind grün, die Daten der quantitativen Real-Time PCR blau unterlegt.

Tabelle A8.1: Relative Reportergenaktivität und Wachstum des *E. coli* Stammes MS-10 bei Inkubation in unterschiedlichen Kulturmedien.

Zeit (h)	0	1	2	3	4
Referenz	403,33	1004,65	1431,20	7115,69	7778,58
LB (0,4% NaCl)	440,00	990,42	6802,23	18875,40	11941,16
LB (0,1% NaCl)	463,33	1181,32	3580,81	12752,24	7133,86
SCEM	363,33	1243,53	2186,00	6411,83	4508,83
M9	376,67	1244,36	641,14	658,74	724,52
Referenz	0,05	0,15	0,86	2,37	3,37
LB (0,4% NaCl)	0,05	0,14	0,61	1,67	2,69
LB (0,1% NaCl)	0,05	0,12	0,52	1,48	2,58
SCEM	0,05	0,07	0,15	0,28	0,56
M9	0,05	0,08	0,16	0,21	0,24
Stabw Referenz	392,47	104,59	139,84	1367,29	967,62
StabwLB+ 0,4% NaCl	406,32	48,10	738,24	3592,54	2983,86
StabwLB+ 0,1% NaCl	502,43	173,36	233,42	1244,47	624,31
Stabw SCEM	277,37	223,44	1090,14	1067,26	3235,03
Stabw M9	321,30	282,90	314,58	209,47	265,54
Stabw Referenz	0	0,02	0,02	0,19	0,00
StabwLB+ 0,4% NaCl	0	0,02	0,01	0,07	0,10
StabwLB+ 0,1% NaCl	0	0,00	0,07	0,04	0,02
Stabw SCEM	0	0,00	0,05	0,00	0,01
Stabw M9	0	0,01	0,06	0,06	0,06

Tabelle A8.2: Relative Reportergenaktivität und Wachstum des *E. coli* Stammes MS-10 bei Inkubation in unterschiedlichen Salzkonzentrationen.

Zeit (h)	2	3	Zeit (h)	2	3
0 mM KCl	1958,97	5232,42	0 mM MgSO4	1958,97	5232,42
34,2 mM KCl	1795,25	13380,15	34,2 mM MgSO$_4$	1622,34	7507,66
68,4 mM KCl	1642,45	12959,62	68,4 mM MgSO4	1451,94	7405,45
102,7 mM KCl	1857,46	10371,91	102,7 mM MgSO4	1412,76	7894,04
136,9 mM KCl	2289,68	9634,31	136,9 mM MgSO4	1715,36	8257,02
171,1 mM KCl	1757,85	7579,62	171,1 mM MgSO4	1606,15	7627,32
Referenz	1987,42	6603,94	Referenz	2490,46	7086,16
Stabw 0 mM	237,68	2237,35	Stabw 0 mM	237,68	2237,35
Stabw 34,22 mM KCl	144,75	1100,35	Stabw 34,22 mM MgSO$_4$	173,01	782,86
Stabw 68,22 mM KCl	94,20	1133,57	Stabw 68,44 mM MgSO$_4$	237,83	723,00
Stabw 102,66 mM KCl	299,67	222,52	Stabw 102,66 mM MgSO$_4$	334,86	460,92
Stabw 136,88 mM KCl	397,73	2205,41	Stabw 136,88 mM MgSO$_4$	429,81	986,62
Stabw 171,12 mM KCl	284,38	1327,10	171,12 mM Stabw MgSO$_4$	251,14	663,34
Stabw 171,12 mM NaCl	249,75	514,41	171,12 mM NaCl	698,382	578,361

Tabelle A8.3: Relative Reportergenaktivität und Wachstum des *E. coli* Stammes MS-10 bei Inkubation in LB-Medien mit unterschiedlichen Saccharose-Konzentrationen.

Zeit (h)	2	3
Referenz	1692,64	5920,75
68,4 mM Saccharose	1828,68	4889,18
136,8 mM Saccharose	1898,19	5919,92
Referenz	140,76	157,27
68,4 mM Saccharose	710,11	1238,76
136,8 mM Saccharose	172,86	1722,75

Tabelle A8.4: Relative Reportergenaktivität und Wachstum des *E. coli* Stammes MS-10 bei Inkubation in unterschiedlichen PC-Medien.

Zeit (h)	0	1	2	3	4
Referenz	220	1054,17	1302,75	4859,73	7273,12
PC EDL933	233,33	4012,92	5667,40	9652,08	10157,25
Referenz	0,05	0,16	0,94	2,37	3,35
PC EDL933	0,05	0,12	0,37	0,82	1,40
Stabw Referenz	79,37	204,84	297,32	49,46	1176,76
Stabw PC EDL933	92,92	194,68	511,34	850,46	1468,13
Stabw Referenz	0	0,01	0,11	0,11	0,04
Stabw PC EDL933	0	0,00	0,01	0,01	0,12
Zeit (h)	0	1	2	3	4
Referenz	426,66	1150,33	1215	6033,33	6780,66
PC C600	350	3654,66	5902,33	4210,33	3780
Referenz	0,05	0,14	0,78	2,17	3,3
PC C600	0,05	0,10	0,23	0,65	1,30
Stabw Referenz	245,42	190,08	259,32	1020,55	1054,36
Stabw PC C600	192,87	132,85	287,15	310,57	724,74
Stabw Referenz	0	0,01	0,13	0,022	0,19
Stabw PC C600	0	0,01	0,03	0,05	0,13

Tabelle A8.5: Relative Reportergenaktivität und Wachstum des *E. coli* Stammes MS-10 in LB-Medium ohne (Referenz) und mit 1 mM AI-1.

Zeit (h)	0	1	2	3	4
Referenz	306,66	1110,33	1349,66	7726,66	8104
1 mM AI-1	266,66	1055,66	1783,00	10495,66	9789,66
Referenz	0,05	0,14	0,79	2,20	3,23
1 mM AI-1	0,05	0,14	0,73	2,19	3,11
Stabw Referenz	37,85	214,71	171,35	1821,95	202,59
Stabw AI-1	30,55	182,65	191,65	2353,77	2452,71
Stabw Referenz	0	0,01	0,09	0,07	0,09
Stabw AI-1	0	0,01	0,06	0,12	0,18

Tabelle A8.6: Relative Reportergenaktivität und Wachstum von *V. fischeri* ohne (Referenz) und mit Zugabe von 1 mM AI-1. Der Versuch wurde zur Überprüfung des AI-1 nur einmal durchgeführt.

Zeit (h)	1	2	3	4
Referenz	320965,52	473104,40	788943,06	2382624,69
1 mM AI-1	1789009,09	5507959,77	13384220,72	19284467,11
Referenz	0,06	0,09	0,14	0,20
1 mM AI-1	0,06	0,09	0,11	0,15

Tabelle A8.7: Relative Reportergenaktivität und Wachstum des *E. coli* Stammes MS-10 in LB-Medium (Referenz), in PC-Medium (PC) mit und ohne (-) AI-2, sowie des *E. coli* Stammes MS-16 in LB-Medium.

Zeit (h)	0	1	2	3	4
Referenz	220	1054,17	1302,75	4859,73	7273,12
MS-16	213,33	1002,45	1263,78	5013,32	6711,32
PC	233,33	4012,92	5667,40	9652,08	10157,25
PC (-)	196,67	4181,96	5096,62	9416,85	8708,84
Referenz	0,05	0,16	0,94	2,37	3,35
MS-16	0,05	0,15	0,90	2,34	3,40
PC	0,05	0,12	0,37	0,82	1,40
PC (-)	0,05	0,11	0,35	0,79	1,35
Stabw Referenz	79,37	204,84	297,32	49,46	1176,76
Stabw MS-16	92,92	194,68	511,34	850,46	1468,13
Stabw PC	145,03	460,99	420,64	739,74	1304,02
Stabw PC (-)	61,10	498,67	534,48	871,51	1344,84
Stabw Referenz	0	0,01	0,11	0,11	0,04
Stabw MS-16	0	0,01	0,09	0,09	0,04
Stabw PC	0	0,00	0,01	0,01	0,12
Stabw PC (-)	0	0,00	0,00	0,03	0,15

Tabelle A8.8: Relative Reportergenaktivität und Wachstum des *E. coli* Stammes MS-10 in LB-Medium ohne (Referenz) und LB-Medium mit 50 µM und mit 100 µM Adrenalin.

Zeit (h)	0	1	2	3	4
Referenz	193,33	917,78	1123,88	4375,53	6529,27
50 µM Adrenalin	136,67	895,84	1094,20	5619,80	5414,39
100 µM Adrenalin	190,00	1007,48	1343,91	5977,78	5775,45
Referenz	0,05	0,15	0,95	2,36	3,39
50 µM Adrenalin	0,05	0,15	0,79	2,17	3,16
100 µM Adrenalin	0,05	0,14	0,75	2,09	3,08
Stabw Referenz	110,15	61,76	193,45	419,35	1367,16
Stabw 50 µM Adrenalin	100,00	78,57	96,63	602,49	539,74
Stabw 100 µM Adrenalin	32,15	53,83	334,06	825,46	788,49
Stabw Referenz	0	0,01	0,19	0,13	0,21
Stabw 50 µM Adrenalin	0	0,02	0,14	0,17	0,10
Stabw 100 µM Adrenalin	0	0,01	0,07	0,18	0,14

Tabelle A8.9: Relative Reportergenaktivität und Wachstum des *E. coli* Stammes MS-10 in LB-Medium (Referenz), sowie in 1:2 und 1:5 verdünntem LB-Medium.

Zeit (h)	0	1	2	3	4
Referenz	493,33	1070,10	1631,11	7882,77	8177,26
Verd. 1:2	466,67	1191,36	1993,26	9731,17	7014,86
Verd. 1:5	463,33	1476,72	4561,33	7222,29	4274,66
Referenz	0,05	0,16	0,91	2,34	3,31
Verd. 1:2	0,05	0,15	0,75	1,48	2,33
Verd. 1:5	0,05	0,11	0,41	0,84	1,12
Stabw LB-Medium	357,26	61,34	337,76	1706,71	327,94
Stabw 1:2 verdünnt	371,66	105,04	421,29	1257,85	1600,82
Stabw 1:5 verdünnt	414,05	416,85	1119,62	1581,56	434,91
Stabw OD LB-Medium	0	0,02	0,09	0,17	0,19
Stabw OD 1:2 verdünnt	0	0,02	0,04	0,10	0,16
Stabw OD 1:5 verdünnt	0	0,00	0,05	0,04	0,09

Tabelle A8.10: Enzym Immuno-Assay zum Nachweis der Stx1-Freissetzung in *E. coli* Stamm MS-10 durch Behandlung mit 200 ng/ml Norfloxacin (NFLX). Die Zahlenwerte geben die OD_{450}-Werte an.

Zeit (h)	Überstand (K)	Überstand (NFLX)	Pellet (R)	Pellet (NFLX)
0	0,09	0,15	0,37	0,50
2	0,24	1,40	0,23	1,85
4	0,53	3,05	0,59	2,66

Tabelle A8.11: Relative Reportergenaktivität und Wachstum des *E. coli* Stammes MS-10 in LB-Medium (Referenz), sowie in LB-Medium unter Zusatz von 200 ng, 250 ng und 400 ng Norflocaxin.

Zeit (h)	0	1	2	3	4
Referenz	1429,25	6822,71	7780,33	6880,67	3749,61
200 ng	1672,01	2491,83	1809,39	1866,62	1490,58
250 ng	1661,84	2167,28	1322,70	931,46	774,57
400 ng	1641,74	2226,39	1217,62	818,64	627,68
Referenz	0,71	2,19	3,04	3,73	3,99
200 ng	0,71	1,87	2,04	1,78	1,51
250 ng	0,71	1,82	1,98	2,05	1,71
400 ng	0,71	1,84	2,03	2,06	1,92
Stabw Referenz	101,30	164,20	675,73	1025,90	1419,93
Stabw 200 ng	451,26	400,66	150,59	493,47	580,65
Stabw 250 ng	351,49	712,93	320,72	314,51	314,67
Stabw 400 ng	282,04	995,45	420,52	438,69	396,95
Stabw Referenz	0,01	0,06	0,06	0,09	0,10
Stabw 200 ng	0,01	0,10	0,09	0,28	0,36
Stabw 250 ng	0,01	0,10	0,15	0,25	0,24
Stabw 400 ng	0,01	0,11	0,08	0,08	0,12

Tabelle A8.12: Relative Reportergenaktivitäten und Wachstum der Reporterstämme MS-10 (Referenz), MS-11 und MS-11/pCM1 (pCM1), inkubiert in LB-Medium.

Zeit (h)	0	1	2	3	4
Referenz	886,67	1330,33	1487,00	6660,67	11201,33
MS-11	110,00	586,67	870,33	3679,00	2877,33
pCM1	5976,67	5612,67	9687,33	15519,33	17241,00
Referenz	0,05	0,16	0,80	2,10	3,15
MS-11	0,05	0,16	0,84	2,17	3,31
pCM1	0,05	0,14	0,59	1,77	2,80
Stabw Referenz	825,67	414,64	196,00	709,89	1117,28
Stabw MS-11	105,36	289,68	448,77	1219,55	1008,84
Stabw pCM1	1274,53	519,91	2221,84	731,16	440,36
Stabw Referenz	0	0,01	0,10	0,10	0,05
Stabw MS-11	0	0,01	0,06	0,11	0,16
Stabw pCM1	0	0,01	0,08	0,05	0,03

Tabelle A8.13: Relative Reportergenaktivitäten und Wachstum des *E. coli* Stammes MS-11 bei Inkubation in LB-Medium (Referenz), LB-Medium mit 0,4% NaCl und in 1:5 verdünntem LB-Medium.

Zeit (h)	2	3	4
Referenz	986,36	2294,46	1883,30
0,4% NaCl	2172,38	5306,41	3346,02
1:5 verd.	3183,44	2965,51	2696,20
Referenz	0,90	2,13	3,09
0,4% NaCl	0,85	1,92	2,98
1:5 verd.	0,54	0,85	1,11
Stabw Referenz	85,26	334,06	73,51
Stabw 0,4% NaCl	645,10	1154,27	336,47
Stabw 1:5 verd.	429,69	1054,06	398,96
Stabw Referenz	0,10	0,04	0,07
Stabw 0,4% NaCl	0,17	0,30	0,30
Stabw 1:5 verd.	0,02	0,14	0,10

Tabelle A8.14: Relative Reportergenaktivitäten und Wachstum der Reporterstämme MS-10 (Referenz), MS-12, und MS-12/pCM2 (pCM2), inkubiert in LB-Medium.

Zeit (h)	0	1	2	3	4
Referenz	283,33	1114,33	1633,00	8488,33	11059,00
MS-12	106,67	782,00	1082,33	5525,33	5387,33
pCM2	523,33	1424,33	1747,00	8361,33	10230,67
Referenz	0,05	0,16	0,79	2,21	3,20
MS-12	0,05	0,15	0,77	2,19	3,24
pCM2	0,05	0,15	0,75	2,15	3,14
Stabw Referenz	151,33	138,92	135,27	1009,54	1020,29
Stabw MS-12	37,86	68,77	103,06	733,73	377,34
Stabw pCM2	203,06	332,05	25,53	1151,04	339,21
Stabw Referenz	0	0,01	0,02	0,01	0,08
Stabw MS-12	0	0,02	0,06	0,11	0,12
Stabw pCM2	0	0,01	0,05	0,08	0,07

Tabelle A8.15: Relative Reportergenaktivitäten der *E. coli* Stämme MS-10 (Referenz), MS-11, MS-12 und MS-1112, nach 4 h Inkubation in LB-Medium.

Referenz	11201,33
MS-11	3409,67
MS-12	5138,00
MS-1112	3380,67
Stabw Referenz	730,64
Stabw MS-11	1117,28
Stabw MS-12	762,35
Stabw MS-1112	1059,88

Tabelle A8.16: Relative Reportergenaktivitäten und Wachstum der Reporterstämme MS-10 (Referenz), MS-13, MS-1313 und MS-13/pCM3 (pCM3), inkubiert in LB-Medium.

Zeit (h)	0	1	2	3	4
Referenz	206,67	963,67	1748,33	8159,67	8831,67
MS-13	243,33	1057,00	1545,67	7864,00	8588,00
MS-1313	66,67	611,67	1017,67	3757,00	3196,67
pCM3	206,67	1061,00	2506,00	9652,00	14750,33
Referenz	0,05	0,18	0,97	2,21	3,32
MS-13	0,05	0,14	0,86	2,11	3,17
MS-1313	0,05	0,14	0,67	2,00	3,08
pCM3	0,05	0,16	0,74	2,04	3,07
Stabw Referenz	65,06	115,85	288,06	994,49	878,39
Stabw MS-13	142,24	188,80	268,64	1502,85	747,63
Stabw MS-1313	61,10	49,10	162,11	337,03	260,24
Stabw pCM3	92,92	444,96	746,75	1033,30	670,34
Stabw Referenz	0	0,04	0,31	0,21	0,13
Stabw MS-13	0	0,02	0,08	0,07	0,04
Stabw MS-1313	0	0,03	0,11	0,15	0,16
Stabw pCM3	0	0,00	0,05	0,04	0,06

Abbildung A8.17: Relative Reportergenaktivitäten und Wachstum der Reporterstämme MS-10 (Referenz), MS-14 und MS-15, inkubiert in LB-Medium.

Zeit (h)	0	1	2	3	4
Referenz	150	815,67	1476,33	7659,67	9661
MS-14	513,33	1503,00	2261,33	10642,67	17170,00
MS-15	273,33	872,33	1422,67	8770,67	10675,67
Referenz	0,05	0,13	0,68	2,11	3,26
MS-14	0,05	0,14	0,72	2,12	3,17
MS-15	0,05	0,15	0,78	2,19	3,23
Stabw Referenz	50	111,06	82,92	1595,99	1032,41
Stabw MS-14	25,16	32,81	47,27	1649,67	1144,12
Stabw MS-15	146,40	357,76	200,38	366,73	257,75
Stabw Referenz	0	0,01	0,02	0,01	0,08
Stabw MS-14	0	0,01	0,03	0,09	0,08
Stabw MS-15	0	0,03	0,21	0,24	0,12

Abbildung A8.18: Relative Genexpression von $nleA_{4795}$ im *E. coli* Stamm 4795/97 bei Inkubation in verschiedenen Medien.

	relative Genexpression	Stabw
Referenz	1,0	0
0,4% NaCl	2,3	0,34
1:5 verd.	3,6	0,95
PC Medium	3,4	0,98

Abbildung A8.19: Relative Genexpression von *nleA$_{4795}$* im Wildtyp *E. coli* Stamm 4795/97 (Referenz) sowie in den generierten Stämmen MS-21, MS-22, MS-23, MS-21/pCM1, MS-22/pCM2 und MS-23/pCM3.

	relative Genexpression	Stabw
Referenz	1,00	0
MS-21	0,05	0,01
MS-22	0,30	0,15
MS-23	1,21	0,34
MS-2323	0,11	0,34
MS-21/pCM1	2,72	0,87
MS-22/pCM2	0,97	0,39
MS-23/pCM3	3,36	1,51

A9:

In den folgenden Tabellen sind die berechneten Werte der relativen Reportergenaktivität (grau unterlegt) sowie die OD_{600}-Werte (weiß unterlegt) der Inkubation des *E. coli* Stammes MS-10 in LB-Medium (Referenz) und M9-Minimalmedium bzw. in LB-Medium und SCEM, stehend, bei 5% CO_2 dargestellt. Die Inkubation erfolgte wegen des langsameren Wachstums über einen Zeitraum von 6 h. In dem Versuch mit M9-Medium wurde zum Zeitpunkt t = 0 h auf einen OD_{600}-Wert von 0,3 angeimpft, bei SCEM wurde wegen des besseren Wachstums auf einen Wert von 0,07 angeimpft. Die Versuche wurden zu Überprüfungszwecken nur einmal durchgeführt, weshalb keine Mittelwerte und Standardabweichungen angegeben sind.

Tabelle A9.1: Relative Reportergenaktivität und Wachstum des Stammes MS-10 in LB-Medium und M9-Medium bei 5% CO_2.

Zeit (h)	0	2	4	6
Referenz	3055	10803	14993	20592
M9	2288	3855	6346	6505
Referenz	0,3	0,59	0,84	0,92
M9	0,3	0,49	0,98	1,88

Tabelle A9.2: Relative Reportergenaktivität und Wachstum des Stammes MS-10 in LB-Medium und SCEM bei 5% CO_2.

Zeit (h)	0	4	6	8
Referenz	130	6336	7142	6920
SCEM	55	1535	2151	4875
Referenz	0,07	0,675	0,7	0,79
SCEM	0,07	0,27	0,705	0,79

A10:

Datenauszug aus den erhaltenen MALDI-TOF-Ergebnissen zur Bestätigung der Identität der Regulatorproteine Ler (1), GrlA (2) und PchA (3) (durchgeführt am Life Science Center der Universität Hohenheim).

(1)

gi|13447697   Mass: 15183   Score: 68   Queries matched: 1
Ler [Escherichia coli]

(2)

gi|215488988   Mass: 16099   Score: 96   Expect: 1.8e-05   Queries matched: 7
positive regulator GrlA [Escherichia coli O127:H6 str. E2348/69]

(3)

gi|15830345   Mass: 12202   Score: 74   Queries matched: 1
putative transcriptional regulator [Escherichia coli O157:H7 str. Sakai]

A11:

Im folgenden ist die Überprüfung der verwendeten Oligonukleotide zur Amplifikation einer 177 bp langen Sequenz aus dem ORF von *nleA*$_{4795}$ dargestellt (Tabelle A6). Dabei wurde die Temperatur in 0,5°C-Schritten von 52°C auf 95°C erhöht und die gemessenen Fluoreszenzsignale mit Hilfe der iQ™5 Optical System Software als negative erste Ableitung gegen die Temperatur aufgetragen. Die Abbildung A11 zeigt einen einzelnen deutlichen Peak bei ca. 82,5°C, wodurch ein spezifisches PCR-Produkt angezeigt und die Funktionalität der Oligonukleotide bestätigt wird.

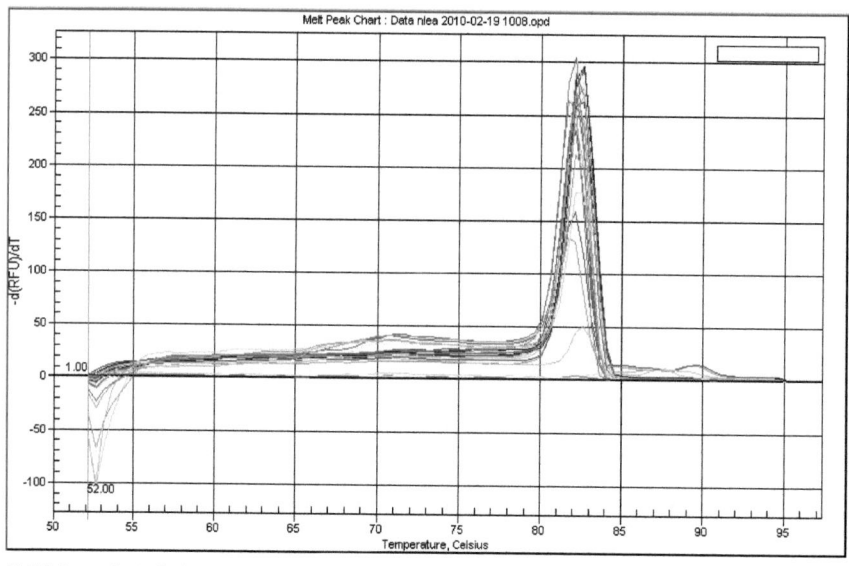

Abbildung A11: Schmelzkurvenanalyse der Oligonukleotide nleA-RT-for und nleA-RT-rev.

Die VDM Verlagsservicegesellschaft sucht für wissenschaftliche Verlage abgeschlossene und herausragende

Dissertationen, Habilitationen, Diplomarbeiten, Master Theses, Magisterarbeiten usw.

für die kostenlose Publikation als Fachbuch.

Sie verfügen über eine Arbeit, die hohen inhaltlichen und formalen Ansprüchen genügt, und haben Interesse an einer honorarvergüteten Publikation?

Dann senden Sie bitte erste Informationen über sich und Ihre Arbeit per Email an *info@vdm-vsg.de*.

Sie erhalten kurzfristig unser Feedback!

VDM Verlagsservicegesellschaft mbH
Dudweiler Landstr. 99
D - 66123 Saarbrücken
www.vdm-vsg.de

Telefon +49 681 3720 174
Fax +49 681 3720 1749

Die VDM Verlagsservicegesellschaft mbH vertritt

Printed by Books on Demand GmbH, Norderstedt / Germany